世纪英才 高等职业教育课改系列规划教材 （通信专业）Communications Professional

WCDMA
网络测试与优化教程

刘业辉 方水平 ◎ 主编

胡晓光 杨传军 ◎ 副主编

U0342801

WCDMA Network Testing
and Optimization Tutorial

人民邮电出版社

北 京

图书在版编目（ＣＩＰ）数据

WCDMA网络测试与优化教程 / 刘业辉，方水平主编
. — 北京：人民邮电出版社，2012.9
世纪英才高等职业教育课改系列规划教材. 通信专业
ISBN 978-7-115-28127-2

Ⅰ. ①W… Ⅱ. ①刘… ②方… Ⅲ. ①码分多址移动通
信—通信网—高等职业教育—教材 Ⅳ. ①TN929.533

中国版本图书馆CIP数据核字(2012)第094704号

内 容 提 要

　　本书围绕 WCDMA 无线网络的测试与优化过程，介绍 WCDMA 无线网络的测试与优化的主要指标，详细地阐述了 WCDMA 无线网络测试系统的组建、无线网络测试软件的安装与操作、语音业务评估测试、视频呼叫业务评估测试、数据业务评估测试等流程和具体的操作过程。此外，本书还就常见的覆盖问题的优化、导频污染的优化、掉话问题的优化、切换失败的优化进行了详细地分析。

　　本书可作为高职高专院校移动通信专业、通信工程专业的 WCDMA 网络优化教材，也可作为相关专业师生和网络优化人员的参考用书。

世纪英才高等职业教育课改系列规划教材（通信专业）

WCDMA 网络测试与优化教程

◆ 主　　编　刘业辉　方水平

　　副 主 编　胡晓光　杨传军

　　责任编辑　韩旭光

◆ 人民邮电出版社出版发行　　北京市崇文区夕照寺街 14 号
　　邮编　100061　电子邮件　315@ptpress.com.cn
　　网址　http://www.ptpress.com.cn
　　北京昌平百善印刷厂印刷

◆ 开本：787×1092　1/16
　　印张：9.75　　　　　　　　　2012 年 9 月第 1 版
　　字数：221 千字　　　　　　　2012 年 9 月北京第 1 次印刷

ISBN 978-7-115-28127-2

定价：38.00 元

读者服务热线：(010)67132746　印装质量热线：(010)67129223
反盗版热线：(010)67171154
广告经营许可证：京崇工商广字第 0021 号

前　言

随着全球第三代移动通信发展高峰的到来，3G 商用网络的不断增加，移动通信正逐渐成为人们的一种生活方式。作为 3G 主流标准之一的 WCDMA 网络具有高容量、低功耗、高数据传输速率、高频谱效率和低成本等优势，而备受移动通信运营商的关注，其在全球的商用进程已全面展开。但是在 WCDMA 网络建设过程中仍然存在一些问题，需要我们予以解决，以达到网络的最优化。这就需要大量的网络优化的实用型人才。为了培养出专业知识扎实、实践技能熟练的高技能应用型人才，使毕业生零距离上岗，在教学过程中迫切需要对旧的教学环节进行改革，以适应不断变化的市场需求。本书就是基于上述社会发展现状而编写的。全书按照实际工作任务的形式将 WCDMA 网络优化涉及的网络优化的主要参数、优化的基本技能和数据分析方法全面展示给读者。

本书内容主要包括相关任务的任务描述、完成任务需学习的相关知识、任务实施、任务评价等。任务评价采取自我评价、小组评价、教师评价相结合的方式，全面、公正地对学生的学习效果进行评价。

本书分为 6 个单元。第 1 单元：认知 WCDMA 网络优化；第 2 单元：组建 WCDMA 无线网络测试系统；第 3 单元：WCDMA 语音业务评估测试；第 4 单元：WCDMA 视频呼叫业务评估测试；第 5 单元：WCDMA 数据业务评估测试；第 6 单元：优化案例分析。

每个单元分若干个不同的任务。第 1 单元分为认知无线网络优化、WCDMA 无线网络优化操作。第 2 单元分为组建无线网络测试系统、无线网络测试软件安装与操作。第 3 单元分为语音呼叫测试、语音测试数据分析。第 4 单元分为视频呼叫测试、视频业务测试数据分析。第 5 单元分为 FTP 数据业务测试、FTP 业务测试数据分析。第 6 单元分为覆盖问题优化案例分析、导频污染优化案例分析、掉话问题优化案例分析、切换失败优化案例分析。

本书由北京工业职业技术学院与北京金戈大通有限责任公司联合编写，由北京工业职业技术学院的教研团队带头，并特邀 WCDMA 网络优化方面的资深技术专家组成顾问与评审团队协助创作。第 1 单元由赵元苏编写，第 2 单元由杨洪涛、王笑洋编写，第 3 单元由方水平、杨传军编写，第 4 单元由刘业辉、胡晓光编写，第 5 单元由宋玉娥、胡晓光编写，第 6 单元由朱贺新、胡晓光编写，全书由刘业辉和方水平统稿。

本书在编写过程中得到了北京工业职业技术学院领导的大力支持，也得到了北京金戈大通通信技术有限公司吕曦高级工程师的帮助，以及移动通信技术专家胡晓光的大力支持，在此表示由衷的感谢。

限于编者水平，书中难免有疏漏之处，敬请广大读者批评指正，以使本书更趋完美，也更加符合职业技术教育的需要。

编　者

2012 年 5 月

Contents 目　录

第 1 单元　认知 WCDMA 网络优化

任务 1：认知无线网络优化

1.1.1　任务描述

1. 项目背景

由于无线信号传播的复杂特性及网络环境的多变性，需要对已经建设好的网络进行网络优化调整，以保证网络的正常运行，那么，无线网络优化到底是什么呢？

通过本章的学习，将对网络优化有一个具体的认识。

2. 培养目标

(1) 了解无线网络优化的概念和意义

(2) 了解无线网络优化指导思想和原则

(3) 熟悉网络优化的主要测试指标

(4) 熟悉 WCDMA 网络优化的主要性能指标

1.1.2　相关知识

1. 无线网络优化的概念与意义

无线网络优化分为两个阶段，一个是工程优化阶段，一个是运维优化阶段。本书主要以工程优化阶段的全网优化为核心介绍网络优化过程。

工程优化又叫放号前优化，主要基于路测进行测试分析。工程优化是在网络建设完成后、放号前进行的网络优化。工程优化的主要目标是让网络能够正常工作，同时保证网络达到规划的覆盖及干扰目标。网络开通前优化工作主要包括 3 个部分。

(1) 单站验证

在 WCDMA 网络优化中，单站验证是很重要的一个阶段，需要完成包括各个站点设备功能的自检测试，其目的是在簇优化前，保证待优化区域中的各个站点、各个小区的基本功能（如接入、通话等），基站信号覆盖均是正常的。通过单站验证，可以将网络优化中需要解决的因为网络覆盖原因造成的掉话、接入等问题与设备功能性掉话、接入等问题分离开来，有利于后期问题定位和问题解决，提高网络优化效率。通过单站验证，还可以熟悉优化区域内的站点位置、配置、周围无线环境等信息，为下一步的优化打下基础。

单站优化中，以优化站点为中心，在距离 200m 左右的区域内进行环形路测，顺时针、逆时针各测量一次，测试内容包括扫频测试、语音呼叫、视频呼叫和 HSDPA 业务，由于要持续监测无线性能，因此使用长呼叫的测试形式。在测试时仅保留共站邻区，可测试更软切换的性能，并且保证测试手机驻留在需要优化的站点。通过现场的测试可完成下列任务。

① 建站覆盖目标验证（是否达到规划前预期效果）。

② 基站硬件配置（测试硬件配置是否正确，并进行经纬度确认）。

③ 天线方向角、下倾角目测检查。采取抽样方式进行精确检查。检查馈线连接错误。

④ 空闲模式下参数配置检查（切换参数、邻区、LAC、RAC CPICH POWER 等）。

⑤ 基站信号覆盖检查（CPICH RSCP & CPICH Ec/Io）。

⑥ 基站基本功能检查（CS 业务、PS 业务、HSPA 业务的接入性测试，切换入、切换出工程测试）。

（2）基站簇优化

基站簇优化是指对某个范围内的数个独立基站进行具体条目的优化（每个簇包含 15～30 个基站）。

基站簇优化包含了 3 个方面的内容。

① 基站簇优化开展的前提条件和输入信息。

② 进行路测（Drive Test）和路测数据后处理分析的详细过程。

③ 判断基站簇优化工作结束的验收标准。

（3）全网优化

在所有基站簇优化完成后可进行全网优化，以解决跨簇的问题。全网优化的侧重点是对整个网络的性能进行优化。全网优化也主要采用路测的方式，全网优化的测试路线设计应与验收测试的路线设计原则保持一致。路线的设计中，应重点考虑各簇交界地区的测试，以发现跨簇的问题。评估优化后的网络质量，发现并解决问题，为验收测试做好准备。

运维优化又称放号后的优化，主要基于 OMC 性能统计数据进行分析，结合针对性的路测分析。

运维优化是在网络运营期间，通过优化手段来改善网络质量，提高客户满意度。放号后的优化工作不仅仅是确保网络运行正常，提升网络性能指标，更重要的是发现网络潜在的问题，为下一步网络的变化提前做好分析工作。这包括网络话务负荷变动、话务负荷均衡等。

放号前优化缺少用户投诉数据和大用户量时候 OMC 数据，开通后，这些被屏蔽的问题都会暴露出来。因此在放号后，网络优化重点关注的内容有所变化，网络优化的手段也有了不同，OMC 数据和告警数据，用户投诉数据将会成为网络优化的重点参考输入。

2. 网络优化的主要测试指标

（1）CPICH RSCP：接收信号码功率

CPICH RSCP 指标具体要求见表 1-1。

表 1-1　　　　　　　　　　　　　　　　　CPICH RSCP 指标

KPI 指标名称	CPICH RSCP
获取方法	路测
KPI 计算公式	CPICH RSCP 原始数据从 Scanner 直接获取，一般采用 BIN 来进行后处理分析，BIN 块大小一般为 10m × 10m

（2）CPICH Ec/Io：每码片能量与干扰功率密度（干扰比）之比

CPICH Ec/Io 指标具体要求见表 1-2。

表 1-2　　　　　　　　　　　　　　　CPICH Ec/Io 指标

KPI 指标名称	CPICH Ec/Io
获取方法	路测
KPI 计算公式	CPICH Ec/Io 原始数据从 Scanner 直接获取，一般采用 BIN 来进行后处理分析，BIN 块大小一般为 10m×10m

（3）AMR12.2K 呼叫成功率

AMR12.2K Call Setup Success Rate 指标具体要求见表 1-3。

表 1-3　　　　　　　　　　　AMR12.2K Call Setup Success Rate 指标

KPI 指标名称	AMR12.2K Call Setup Success Rate
获取方法	路测
KPI 计算公式	AMR12.2K Call Setup Success Rate ＝【AMR12.2K Call Setup Success times / AMR12.2K Total number of origination times】×100%

（4）AMR12.2K 掉话率

AMR12.2K Call Drop Rate 指标具体要求见表 1-4。

表 1-4　　　　　　　　　　　　　AMR12.2K Call Drop Rate 指标

KPI 指标名称	AMR12.2K Call Drop Rate
获取方法	路测
KPI 计算公式	AMR12.2K Call Drop Rate ＝【Number of AMR12.2K call drop times / Total Number of AMR12.2K Call Setup Success times】×100%

（5）CS64K 呼叫成功率

CS64K Call Setup Success Rate 指标具体要求见表 1-5。

表 1-5　　　　　　　　　　　CS64K Call Setup Success Rate 指标

KPI 指标名称	CS64K Call Setup Success Rate
获取方法	路测
KPI 计算公式	CS64K Call Setup Success Rate ＝【CS64K Call Setup Success times / CS64K Total number of origination times】×100%

（6）CS64K 掉话率

CS64K Call Drop Rate 指标具体要求见表 1-6。

表 1-6　　　　　　　　　　　　　CS64K Call Drop Rate 指标

KPI 指标名称	CS64K Call Drop Rate
获取方法	路测
KPI 计算公式	CS64K Call Drop Rate ＝【Number of CS64K call drop times / Total Number of CS64K Call Setup Success times】×100%

（7）PS384K FTP DL Throughput

PS384K FTP DL average throughput 指标具体要求见表 1-7。

表 1-7　　　　　　　　　PS384K FTP DL average throughput 指标

KPI 指标名称	PS384K FTP DL average throughput
获取方法	路测
KPI 计算公式	PS384K FTP DL average throughput ＝ Download File size/ Download duration

（8）PS384K FTP UL Throughput

PS384K FTP UL average throughput 指标具体要求见表 1-8。

表 1-8　　　　　　　　　PS384K FTP UL average throughput 指标

KPI 指标名称	PS384K FTP UL average throughput
获取方法	路测
KPI 计算公式	PS384K FTP UL average throughput ＝ Upload File size/ Upload duration

（9）HSDPA FTP Throughput

HSDPA FTP average throughput 指标具体要求见表 1-9。

表 1-9　　　　　　　　　HSDPA FTP average throughput 指标

KPI 指标名称	HSDPA FTP average throughput
获取方法	路测
KPI 计算公式	HSDPA FTP average throughput ＝ Download File size/ Download duration

（10）HSUPA FTP Throughput

HSUPA FTP average throughput 指标具体要求见表 1-10。

表 1-10　　　　　　　　　HSUPA FTP average throughput 指标

KPI 指标名称	HSUPA FTP average throughput
获取方法	路测
KPI 计算公式	HSUPA FTP average throughput ＝ Upload File size/ Upload duration

3. WCDMA 网络优化的主要性能指标

由于网络优化指标较多，本书只介绍常用的几个指标，具体指标如下。

（1）基本指标

① 覆盖率。

覆盖率定义为 $F=1$ 的测试点在所有测试点中的百分比（注：统计前先排除异常点）。$F=RSCP \geqslant R$ 且 $Ec/Io \geqslant S$（注：RSCP 表示接收导频信号码片功率，Ec/Io 表示接收导频信号质量，R 和 S 是 RSCP 和 Ec/Io 在计算中的阈值。当两个条件都满足时，$F=1$；否则 $F=0$）。

② RRC 连接建立成功率。

RRC 连接建立示意图如图 1-1 所示。

RRC 连接建立成功率（业务相关）＝RRC 连接建立成功次数（业务相关）/RRC 连接建立尝试次数（业务相关）×100%

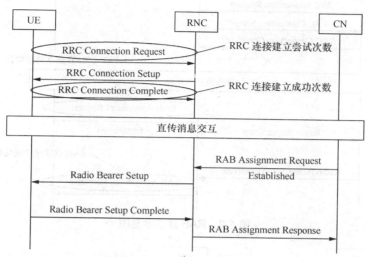

图 1-1　RRC 连接建立示意图

指标反映 RNC 或者小区的 UE 接纳能力，RRC 连接建立成功意味着 UE 与网络建立了信令连接。由于具体无线环境以及网络负荷的不同，1 次呼叫的开始，RRC 连接建立请求发送的次数可能大于 1 次，可能需要数次发送 RRC 连接请求才会有 1 次 RRC 连接请求建立。这种情况下，计算 RRC 连接建立成功率就需要系统能够区分 RRC 连接建立请求的重发与否，对于同一次呼叫的 RRC 连接建立请求算作发起 RRC 连接建立请求 1 次。

RRC 连接建立可以分两种情况：一种是与业务相关的 RRC 连接建立；另一种是与业务无关（如位置更新、系统间小区重选、注册等）的 RRC 连接建立。

前者是衡量呼叫接通率的一个重要指标，其结果可以作为调整信道配置的依据；后者可用于考察系统负荷情况。

③ RAB 建立成功率。

RAB 建立成功率＝（CS 域 RAB 指派建立成功 RAB 数目＋PS 域 RAB 指派建立成功 RAB 数目）/（CS 域 RAB 建立请求的 RAB 数目 ＋PS 域 RAB 建立请求的 RAB 数目）×100%

RAB 建立是由 CN 发起，UTRAN 执行的功能。RAB 建立示意图如图 1-2 所示。RAB 是指用户平面的承载，用于 UE 和 CN 之间传送语音、数据及多媒体业务。UE 首先要完成 RRC 连接建立，然后才能建立 RAB，当 RAB 建立成功以后，一个基本的呼叫即建立，UE 进入通话过程。

无线接通率＝RRC 连接建立成功率（业务相关）×RAB 建立成功率×100%

④ 无线掉话率。

RAB 释放的示意图如图 1-3 所示。

无线掉话率＝（RNC 请求释放的电路域掉话的 RAB 数目＋RNC 请求释放电路域 Iu 连接对应的 RAB 数目＋RNC 请求释放的分组域掉线的 RAB 数目＋RNC 请求释放分组域 Iu 连接对应的 RAB 数目）/（电路域总共释放的 RAB 数目＋分组域总共释放的 RAB 数目）×100%

或者为：掉话总次数/接通总次数×100%

5

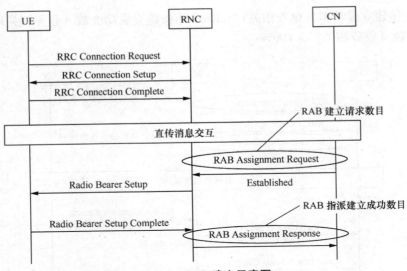

图 1-2 RAB 建立示意图

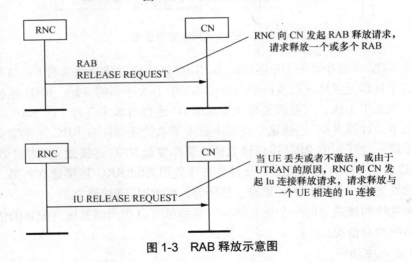

图 1-3 RAB 释放示意图

（2）语音业务

① CS12.2K 业务呼叫时延。

CS12.2K 业务呼叫时延反映了 CS12.2K 业务的呼叫时间特性，是用户直接感受的指标之一。CS12.2K 业务呼叫时延如图 1-4 所示。

CS12.2K 业务呼叫时延 = Average【T（CC_Alert）− T（RRC_Connection_Request）】

② 语音接通率 = 接通总次数/试呼总次数 × 100%。

③ 语音掉话率 = 掉话总次数/接通总次数 × 100%。

（3）视频业务

① CS64K 业务呼叫时延。

CS64K 业务呼叫时延反映了 CS64K 业务的呼叫时间特性，是用户直接感受的指标之一。

CS64K 业务呼叫时延 = Average【T（CC_Alert）− T（RRC_Connection_Request）】

② 视频接通率 = 接通总次数/试呼总次数 × 100%。

③ 视频掉话率＝掉话总次数/接通总次数×100%。

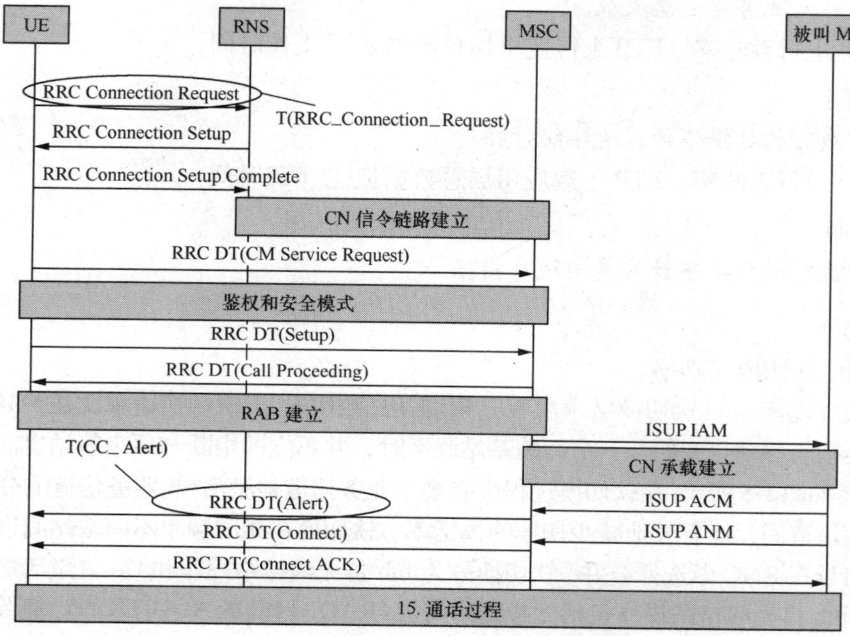

图 1-4　CS12.2K 业务呼叫时延

（4）数据业务

① PS 业务呼叫时延。

PS 业务呼叫时延反映了 PS 业务的呼叫时间特性，是用户直接感受的指标之一。

PS 业务呼叫时延＝Average【T (Activate_PDP_Context_Accept) − T (RRC_Connection_Request)】

② FTP 上传掉线率＝异常掉线总次数/业务建立总次数×100%。

📖 **说明**

掉线率用于评估上传业务的保持性能。满足以下条件之一均认为异常掉线次数：a. 网络原因造成拨号连接异常断开，判断依据为在测试终端正常释放拨号连接前的任何中断；b. 测试过程中超过 3minFTP 没有任何数据传输，且一直尝试 PUT 后数据链路仍不可使用。此时需断开拨号连接并重新拨号来恢复测试。

业务建立总次数：登录 FTP 服务器成功，并获取文件大小信息的的总次数；FTP 登录失败的次数不计入业务建立总次数。

③ FTP 下载掉线率＝异常掉线总次数/业务建立总次数×100%。

📖 **说明**

掉线率用于评估下载业务的保持性能。满足以下条件之一均认为异常掉线次数：（a）网络原因造成拨号连接异常断开，判断依据为在测试终端正常释放拨号连接前的任何中断；（b）测试过程中超过 3minFTP 没有任何数据传输，且一直尝试 GET 后数据链路仍不可使用。此时需断开拨号连接并重新拨号来恢复测试。

业务建立总次数：登录 FTP 服务器成功，并获取文件大小信息的总次数；FTP 登录失败的次数不计入业务建立总次数。

④ FTP 上行吞吐率＝FTP 上传应用层总数据量/总上传时间。

📖 **说明**

FTP 掉线时的数据不计入速率统计指标。

⑤ FTP 下行吞吐率＝FTP 下载应用层总数据量/总下载时间。

📖 **说明**

FTP 掉线时的数据不计入速率统计指标。

(5) 切换

① RNC 软切换成功率。

软切换成功率＝（软切换请求次数－软切换失败次数）/软切换请求次数×100%

软切换指当移动台开始与一个新的基站联系时，并不立即中断与原来基站之间的通信。RNC 软切换如图 1-5 所示。在软切换过程中有多个业务信道被激活（起业务信道的分集作用），发生在同频信道间，能有效地减少切换的掉话率。软切换在相同频率不同基站间进行，软切换中分集信号在 RNC 做选择合并。软切换分为 Iub 口无线链路操作和 Uu 口激活集更新操作两个步骤，Iub 口无线链路操作包括无线链路增加（RADIO LINK ADDITION）、删除（RADIO LINK REMOVAL）、增加和删除（RADIO LINK ADDITION AND REMOVAL）操作。Uu 口的激活集更新包含以上 3 种情况。因此，可以通过统计激活集更新消息（ACTIVE SET UPDATE）和激活集更新完成消息（ACTIVE SET UPDATE COMPLETE）统计软切换成功率。

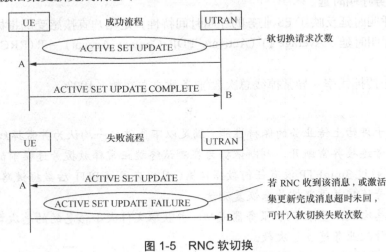

图 1-5　RNC 软切换

② 异频硬切换成功率。

异频硬切换成功率＝（异频硬切换请求次数－异频硬切换失败次数）/异频硬切换请求次数×100%

异频硬切换改变 UE 和 UTRAN 间连接的无线频带，异频信道间切换的触发判决可能需要压缩模式技术支持的异频测量。异频硬切换如图 1-6 所示。

异频硬切换包括 RNC 内的异频硬切换和 RNC 间的异频硬切换。对 RNC 内的异频硬切换，如针对小区统计时，包括切换入和切换出两种情况；针对 RNC 统计时，不包括切换出和切换入两种情况。对 RNC 间的异频硬切换，包括切换入和切换出两种情况。RNC 间的异频硬切换如图 1-7 所示。

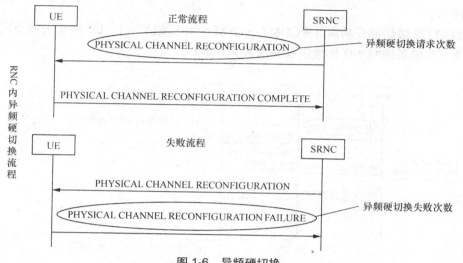

图 1-6　异频硬切换

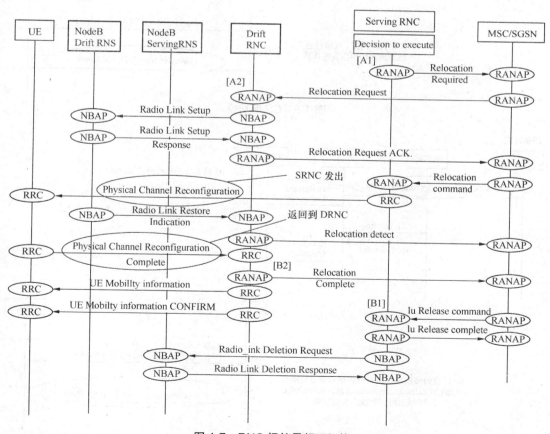

图 1-7　RNC 间的异频硬切换

9

③ 系统间 CS 域切换成功率（WCDMA→GSM）。

系统间 CS 域切换成功率反映了电路域的系统间切换成功率，是对 Inter-RAT 的切换统计，切换方向是从 WCDMA 到 GSM 系统。其中，CS 域切换如图 1-8 所示，PS 域切换如图 1-9 所示。

系统间 CS 域切换成功率（WCDMA→GSM）（小区级）＝1－CS 域系统间小区切换出失败次数/CS 域系统间小区切换出准备次数×100%

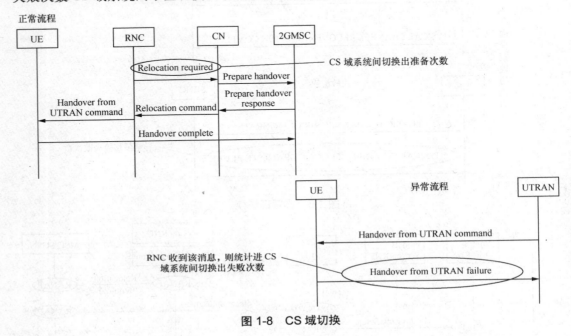

图 1-8　CS 域切换

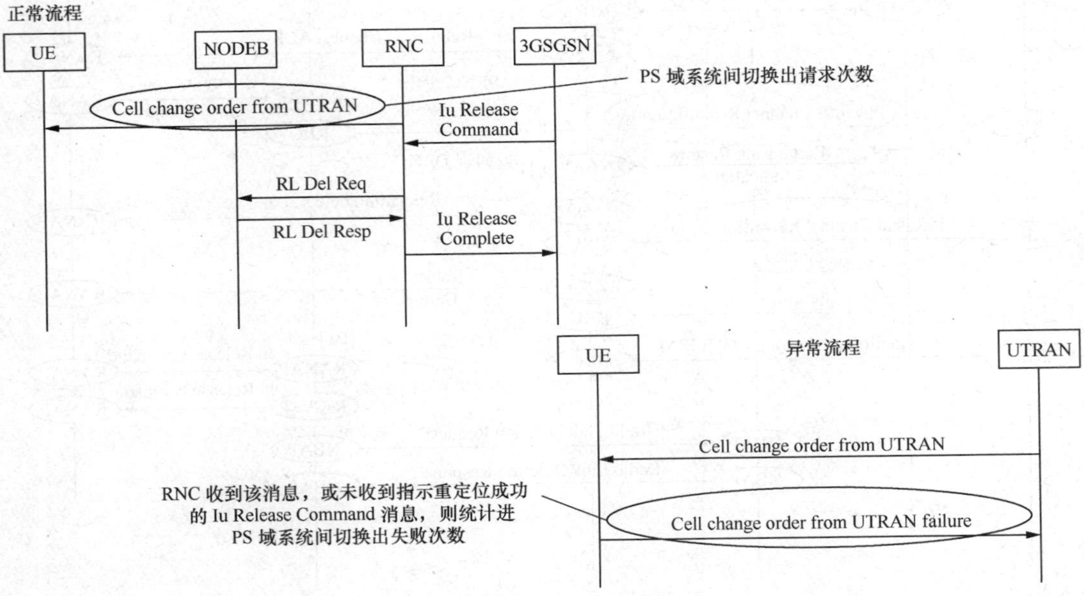

图 1-9　PS 域切换

系统间 CS 域切换成功率（WCDMA→GSM）（RNC 级）＝1－CS 域系统间切换出失败次数/CS 域系统间切换出准备次数×100%

④ 系统间 PS 域切换成功率（WCDMA→GPRS）。

系统间小区 PS 域切换成功率（WCDMA→GPRS）（小区级）＝1－PS 域系统间小区切换出失败次数/PS 域系统间小区切换出请求次数×100%

系统间 PS 域切换成功率（WCDMA→GPRS）（RNC 级）＝1－PS 域系统间切换出失败次数/PS 域系统间切换出请求次数×100%

⑤ 系统间 PS 域切换成功率（GPRS→WCDMA）。

系统间 PS 域切换成功率反映了分组域的系统间切换成功率，是对 Inter-RAT 的切换统计，切换方向是从 GPRS 到 WCDMA 系统。

系统间小区 PS 域切换成功率（GPRS→WCDMA）（小区级）＝PS 域系统间小区切换入成功次数/PS 域系统间小区切换入请求次数×100%

系统间 PS 域切换成功率（GPRS→WCMDA）（RNC 级）＝PS 域系统间切换入成功次数/PS 域系统间切换入请求次数×100%

4. 无线网络优化指导思想与原则

无论是以前的 2G 网络还是如今的 3G 网络，制订合理的网络优化方案、充分查找与排除设备安装和参数设置错误，都将为后期的网络优化工作带来积极的影响。因此，在进行网络优化时，必须深入细致地做好优化的前期准备工作，确保单站优化及簇优化的正常进行及时排查网络遗留问题，降低后期全网优化难度。

简单地说就是各阶段优化完成相应阶段的优化内容并为下一阶段的优化工作打下良好基础。在单站优化时要保证单站优化后各站点的功能及覆盖正常，以便为接下来的簇优化工作提供良好基础。在簇优化工作时，要保证簇内网络性能没有问题，为接下来的全网优化提供良好基础。

1.1.3 任务实施

1. 单站优化步骤

单站优化包括测试前准备、单站优化测试、单站性能分析及问题处理 3 部分。在测试准备阶段，需要输入基站规划数据表和 RNC 参数配置表，检查站点状态是否正常，并选择合适的测试路线和测试点，同时需要检查测试设备是否齐备可用；在单站优化测试过程中，要根据单站优化规范测试，针对存在的硬件安装问题，提交问题分析报告由工程安装团队解决，功能性问题由 OMC 工程师配合解决。具体方法和步骤如下。

（1）基站基础数据库检查

① 实地勘察基站经纬度、天线方向角、下倾角基站、天线挂高是否与规划数据相符。

② 现场检查覆盖方向是否有阻挡。

③ 基站硬件工作状态是否正常。

④ 天线是否接反，与 GSM 共天线的基站需要检查是否与 GSM 的天馈接反。

⑤ 天馈系统工作正常，包括发射功率、驻波比等。

⑥ 传输系统工作正常，无传输告警。

（2）站点配置验证

① 频率检查：通过手机检查待测小区的频点号与规划数据是否一致。

② 扰码检查：通过手机检查待测小区的扰码设置是否和规划数据一致。

③ LAC/RAC 检查：通过手机检查待测小区的 LAC/RAC 和规划数据是否一致。

④ 小区邻区和重选参数检查：检查邻区列表是否与规划数据一致，检查小区选择和重选、切换参数的设置。

⑤ 基站功率配置情况：主要包括 P-CPICH、P-SCH、S-SCH、P-CCPCH、PICH、AICH、S-CCPCH [PCH]、S-CCPCH[FACH1]、S-CCPCH[FACH2]、HS-SCCH 等公共信道的功率配置。

⑥ 传输配置情况。

（3）室外站点导频覆盖测试

覆盖测试时，车速一般保持在 30～40km/h。通过路测，检查 Scanner 接收的 CPICH RSCP 和 CPICH Ec/Io 是否异常（例如是否存在其中一个测试小区的 CPICH RSCP 和 CPICH Ec/Io 明显差于其他的小区），确认是否存在功放异常、天馈连接异常、天线安装位置设计不合理、周围环境发生变化导致建筑物阻挡、硬件安装时天线倾角/方向角与规划时不一致等问题。

在一些特殊地段，站间距少于 200m，站点的主覆盖区域很小，在 DT 路测时得不到足够的信息，所以网优测试工程师需要步行测试，来得到足够的信息和测试数据。对于密集城区，一般的 GPS 接收信号漂移造成路测打点不准确，测试数据无法用来分析，需要特殊的 GPS 解决方案来解决这个问题。

（4）基站业务功能测试

在单站优化测试中，要对所有开通和支持的业务进行测试，包括 Voice Call、Video Call、R99 PS 业务、HSPA 业务。其中，R99 PS 业务和 HSPA 业务可以进行定点测试。

（5）监控和故障排查

新站和周边基站范围内的无线网络投诉，工程优化人员现场测试并负责处理和跟进，需在单站优化报告中描述产生投诉的原因和处理结果。

对新建基站的告警和故障，1 天内现场进行排查和处理。

（6）单站优化的输出

单站优化结束后需要输出单站优化测试报告，内容包括单站优化测试的内容和结果。

2. 网络优化 KPI 指标的测试

（1）CPICH RSCP：接收信号码功率

测试步骤如下。

① 确定规划的测试路线。

② 测试软件连接 Scanner，确认 GPS 和 RF 天线正确连接，车载供电正常。

③ 在测试路线上，使用 Scanner 采集 CPICH RSCP 值。遍历测试路线，车速尽量保持在 30～50km/h。

④ 测试结束后，后处理分析软件统计 CPICH RSCP。

（2）CPICH Ec/Io：每码片能量与干扰功率密度（干扰比）之比

测试步骤如下。

① 确定规划的测试路线。

② 测试软件连接 Scanner，确认 GPS 和 RF 天线正确连接，车载供电正常。

③ 在测试路线上，使用 Scanner 采集 CPICH Ec/Io 值。遍历测试路线，车速尽量保持在 30～50km/h。

④ 测试结束后，后处理分析软件统计 CPICH Ec/Io。

（3）AMR12.2K 呼叫成功率

测试步骤如下。

① 确认测试路线。

② 测试软件用于自动拨打测试。

③ 在测试路线上反复拨叫，保持时间设置为 30 s；空闲时间设置为 20 s；测试软件记录总的呼叫次数和呼叫成功次数。

④ 测试结束后，根据测试数据计算 AMR12.2K 呼叫成功率指标。

（4）AMR12.2K 掉话率

测试步骤如下。

① 确认测试路线。

② 在测试路线上，主叫拨打 AMR12.2K Call 给被叫，保持 30min 以上，然后结束通话。

③ 测试软件记录总的呼叫次数和呼叫时长。

④ 测试结束后，计算 AMR12.2K Call Drop Rate。

（5）CS64K 呼叫成功率

测试步骤如下。

① 确认测试路线。

② 在测试路线上反复拨叫，保持时间设置为 30s；空闲时间设置为 20s；测试软件记录总的呼叫次数和呼叫成功次数。

③ 测试结束后，根据测试数据计算 CS64K 呼叫成功率指标。

（6）CS64K 掉话率

测试步骤如下。

① 确认测试路线。

② 在测试路线上，主叫拨打 CS64K Call 给被叫，保持 30min 以上，然后结束通话。测试软件记录总的呼叫次数和呼叫时长。

③ 测试结束后，计算 CS64K Call Drop Rate。

（7）PS384K FTP DL Throughput

测试步骤如下。

① 确认测试路线。

② 在测试路线上，UE 发起 PS384K 业务，UE 从内部 FTP 服务器上下载一个 3 M 的文件，下载结束后记录花费的时间，在测试路线重复 10 次，然后结束 PS384K 业务。测试软件记录每次下载的文件大小和花费的时间。

③ 测试结束后，计算 PS384K DL average throughput。

（8）PS384K FTP UL Throughput

测试步骤如下。

① 确认测试路线。

② 在测试路线上，UE 发起 PS384K 业务，UE 向内部 FTP 服务器上传一个 3 M 的文件，下载结束后记录花费的时间，在测试路线重复 10 次，然后结束 PS384K 业务。测试软件记录每次上传的文件大小和花费的时间。

③ 测试结束后计算 PS384K UL average throughput。

（9）HSDPA FTP Throughput

测试步骤如下。

① 确认测试路线。

② 在测试路线上，UE 发起 PS384K 业务，UE 从内部 FTP 服务器上下载一个 50 M 的文件，下载结束后记录花费的时间，在测试路线重复 10 次，然后结束 HSDPA 业务。测试软件记录每次下载的文件大小和花费的时间。

③ 测试结束后，计算 HSDPA average throughput。

（10）HSUPA FTP Throughput

测试步骤如下。

① 确认测试路线。

② 在测试路线上，UE 发起 HSUPA 业务，UE 向内部 FTP 服务器上传一个 10 M 的文件，下载结束后记录花费的时间，在测试路线重复 10 次，然后结束 HSUPA 业务。测试软件记录每次上传的文件大小和花费的时间。

③ 测试结束后计算 HSUPA average throughput。

1.1.4　任务评价

评价项目	项目评价的内容	分值	自我评价	小组评价	教师评价	得分
理论知识	① 了解无线网络优化的概念和意义	4				
	② 了解无线网络优化指导思想和原则	4				
	③ 熟悉网络优化的主要测试指标	4				
	④ 熟悉 WCDMA 网络优化的主要性能指标	4				
	⑤ 明确任务的工作内容	4				
	⑥ 明确实验进行的具体步骤和方法	5				
实操技能	① 做好实验任务的分工和明确职责	5				
	② 熟知实验需要用到的设备和工具	5				
	③ 对实验场地和设备进行检查	5				
	④ 对实验工具仪器进行检查	5				
	⑤ 正确进行单站优化操作	5				
	⑥ 正确进行输出单站优化结果	5				

续表

评价项目	项目评价的内容	分值	自我评价	小组评价	教师评价	得分
实操技能	⑦ 正确进行 KPI 指标的测试操作	5				
	⑧ 测试数据记录完整、准确和规范	5				
	⑨ 测试报告完整、规范	5				
安全文明生产	① 安全、文明操作	5				
	② 有无违纪与违规现象	5				
	③ 良好的职业操守	5				
学习态度	① 不迟到、不缺课、不早退	5				
	② 学习认真，责任心强	5				
	③ 积极参与完成项目的各个步骤	5				
总 计 得 分						

任务 2：WCDMA 无线网络优化操作

1.2.1 任务描述

1. 项目背景

WCDMA 是 3G 三大制式之一，且具有良好的发展前景。目前，由联通公司承载该网络的运营，网络建设已初具规模。在 WCDMA 网络建成之后，以及在网络的长期运营过程中，不可避免地会出现各种各样的问题，从而影响网络的正常运营，以及网络资源的合理利用。另外，随着用户数量及业务需求的不断增长，网络还将适时进行升级和扩容，由此也将给网络带来一定的影响。

因此，WCDMA 网络的优化对于运营商来讲是非常重要和必要的工作。行业对于 WCDMA 网络优化工程师的需求也与日俱增。

2. 培养目标

（1）熟悉 WCDMA 网络优化流程

（2）熟悉 WCDMA 网络优化步骤和方法

（3）熟悉网络优化的主要内容和测试指标

1.2.2 相关知识

1. WCDMA 无线网络优化流程和步骤

网络优化的基本工作内容在新基站入网开通后就开始实施。无线网络优化一直在不断地动态发展，只有不断地对网络进行改进才能保证良好的网络运营质量。WCDMA 无线网络优化流程如图 1-10 所示。

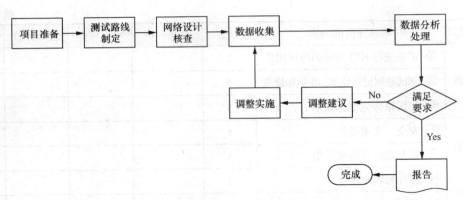

图 1-10 WCDMA 无线网络优化流程

（1）项目准备

路测路线的准备需要熟悉当地驾驶环境的司机参与，以便制订出切实可行的路测路线。

（2）网络设计核查

参数检查主要是由熟悉网络设计与配置的工程师来完成，网络配置由 RNC 工程师在网管中提取。

（3）数据收集

测量数据的收集主要依靠熟悉网络结构和测试工具的测试工程师来完成。同时，需要熟悉测试路线的司机配合。

（4）数据分析处理

数据分析处理由有经验的无线网络优化工程师来完成，根据分析结果提出网络调整建议。

（5）调整实施

根据调整建议调整网络，调整实施后再进行新一轮的数据采集及处理分析工作。

2. 准备阶段

在项目开始前的项目准备阶段，包括以下内容：项目组织计划、人员安排、责任人和双方的配合沟通渠道、网络的初步勘察、项目执行的要求。

在所有相关细节均确定之后，依照相应的时间开始实施工作。

3. 测试路线制订

路线的选择要考虑覆盖重要热点地区、高速公路、公共场所、车站码头机场、休闲地点、商业热点。另外，还要考虑如下因素。

需要考虑切换，可执行双向切换的路测，例如，从小区 A 到小区 B，再从小区 B 回到小区 A。

为保证网络商用后所有覆盖地区具有竞争力，应尽量对所有网络覆盖区域进行测试，对于地理分布较复杂的地点需要中国联通决定应测试的范围。

路线选择要考虑相邻基站对目标基站的影响，充分考虑基站之间的干扰。

4. 主要测试指标

主要的路测指标用于评估网络的性能，在网络商用前这些指标主要来源于路测信息。

主要的测试指标如下：

- 覆盖性能（覆盖率）。
- 接入性能（RRC 连接成功率）。
- 保持性能（掉话率）。

5. 网络优化的主要内容

网络优化的主要内容和流程如图 1-11 所示。

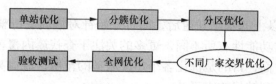

图 1-11　网络优化的主要内容和流程

（1）单站优化

在每个 WCDMA 站点安装、上电并开通后，要求在新站开通后当天或当晚及时对新站开通区域进行路面 DT 和必要的室内 CQT 测试，及时纠正数据库错误，如邻小区错误、重要参数错误等，及时解决新增基站硬件故障，保证割接区域网络的安全与稳定。

① 站点配置验证。

频率检查：通过手机检查待测小区的频点号与规划数据是否一致。

扰码检查：通过手机检查待测小区的扰码设置是否和规划数据一致。

LAC/RAC 检查：通过手机检查待测小区的 LAC/RAC 和规划数据是否一致。

② 站点覆盖验证。

站点附近 CPICH RSCP/CPICH Ec/Io 测试：检查 UE 接收的 CPICH RSCP、CPICH Ec/Io 是否高于或者低于预定门限，确认是否存在功放异常、天馈连接异常、天线安装位置设计不合理、周围环境发生变化导致建筑物阻挡、硬件安装时天线倾角/方向角与规划时不一致等问题。

③ 站点业务验证。

语音业务主叫和被叫接通测试：通过拨打测试，检查语音业务的主被叫呼叫功能正常。

VP 业务主叫和被叫接通测试：通过 VP 业务主叫和被叫接通情况，判断 VP 业务的主被叫呼叫功能正常。

PS 业务接通测试：通过手机上网业务判断 PS 业务的呼叫功能正常。

（2）分簇优化

对于像 WCDMA 这样的自干扰系统，为了优化网络性能，需要充分考虑基站间的干扰。于是网络优化就需要同时对若干基站进行优化调整，由此引入基站簇的概念。对于基站簇的划分，应综合考虑网络干扰的需求（越大越好）和建设一个簇中所有基站所需的时间长短（越小越好）的要求。这样，在综合考虑 RNC 划分、基站地理位置、基站建设进度、测试路线选择以及测试耗时估计等具体因素后，每个基站簇由 10～20 个基站（一般情况下 15 个基站左右）组成。基站簇一般是无线网络设计的一个输出结果。

分簇优化应在簇中基站开通 90%以上时才可展开，否则当有很多未开通的基站开通之后，还需重新进行整个簇的优化，造成浪费。

在 WCDMA 建设过程中，由于受到站址选择、基站建设进度等客观因素的影响，建设好一个完整簇，从而达到簇优化的条件可能需要较长的时间，这样会影响整个网络优化的速度，此时可以考虑先进行单站优化，为簇优化奠定一定基础。

分簇优化完成后，会针对若干簇构成的区域进行优化测试，一般是多个簇构成一个连续的区域，或者是一个 RNC 所覆盖的区域。对于部分规模较小的城市，可考虑将分簇优化和片区优化结合实施。

当基站簇中 90%以上的基站开通后，即可开始针对该簇进行整体测试和优化工作。簇优化与单站优化注重功能性有所不同，更多的关注于查找簇内覆盖盲区、干扰超标、越区覆盖、切换故障等方面，目的是优化各个小区服务的范围，既提高覆盖，又降低干扰，使该簇中的网络性能达到较好的水平。

（3）全网优化

网络调整和优化将是全网优化阶段的一项重要工作内容。全网优化是一套科学全面的工作方法和工作流程，通过对网络的无线性能进行深入地检查，诊断出网络存在的主要问题和瓶颈所在，对症下药，从而提高网络的性能指标，改善终端用户的网络体验。

全网优化阶段采用的数据采集方式如下。

话务统计数据：应根据无线网络优化目的，对交换机和 OMCR 的统计数据进行收集和分析，重点采集作为评判网络性能的基础指标，包括系统接通率、信道可用率、掉话率、拥塞率、话务量和切换成功率等，同时要根据需要采集更为详细的小区载波级性能数据，以上数据应至少包括两周时间内的忙时平均话务统计情况，供深入分析。

DT/CQT：CQT 测试地点应覆盖城区的主要场所，包括火车站、汽车站、商场、超市、宾馆、写字楼、公共场所、住宅小区、旅游景点、饭店等，力求覆盖到城区的主要建筑；DT 测试路线应包括城区的主要道路，包括城市重要街道、主干道、小区道路、高速公路，力求覆盖到城市的每个大街小巷。通过全面地测试，力求对现网有一个全面地了解，同时，在测试过程中发现的问题要进行详细地分析和记录，为随后进行的网络优化工作提供第一手的信息。

1.2.3　任务实施

网络优化前均需要有完备的规划准备工作，假设同学们现在需要对校内无线网络环境进行具体的项目优化工作，具体实施步骤如下所示。

第一步：项目准备。

- 项目组织计划。

制订项目组织计划、网络优化测试流程与规范、人员及设备计划、时间计划安排、例外事件处理机制等。

- 人员安排。

成立项目小组、制订人员分工计划、人员备选方案等。

- 责任人和双方的配合沟通渠道。

建立双方配合沟通渠道、指定人员接口、制定联系沟通制度等。

- 网络的初步勘察。

将指定区域划分成若干典型区域，不同人员负责不同区域的地形地貌勘察，了解各自区域的无线网络环境。

- 项目执行的要求。

制订项目工作进度安排、情况反馈流程、检查汇报机制等。

第二步：测试路线确定。

- 路线的选择要考虑覆盖重要热点地区、高速公路、公共场所、车站、码头、机场、休闲地点、商业热点。
- 应尽量对所有网络覆盖区域进行测试。
- 路线选择要考虑相邻基站对目标基站的影响。
- 根据区域内现有道路情况规划测试路线，做到每一条道路只测试一次的原则。
- 尽量不要有重复测试路线。

1.2.4 任务评价

评价项目	项目评价的内容	分值	自我评价	小组评价	教师评价	得分
理论知识	① 熟悉 WCDMA 网络优化流程	5				
	② 熟悉 WCDMA 网络优化步骤和方法	5				
	③ 熟悉网络优化的主要内容和测试指标	5				
	④ 明确任务的工作内容	5				
	⑤ 明确实验进行的具体步骤和方法	5				
	⑥ 做好实验任务的分工和明确职责	5				
实操技能	① 正确制订优化流程和步骤	5				
	② 合理制订项目计划	5				
	③ 合理安排人员分工	10				
	④ 合理安排测试路线	10				
	⑤ 了解优化报告格式	5				
	⑥ 掌握优化报告的撰写规范	5				
安全文明生产	① 安全、文明操作	5				
	② 有无违纪与违规现象	5				
	③ 良好的职业操守	5				
学习态度	① 不迟到、不缺课、不早退	5				
	② 学习认真，责任心强	5				
	③ 积极参与完成项目的各个步骤	5				
总 计 得 分						

单 元 习 题

1．简述无线网络优化的意义。
2．无线网络优化的主要流程是什么？
3．简述无线网络优化的内容。

第 2 单元　组建 WCDMA 无线网络测试系统

任务 1：组建无线网络测试系统

2.1.1　任务描述

在本任务单元主要认识一下网络测试系统的构成。

1. 项目背景

无线网络系统优化的前提和基础是进行网络的测试，无线网络测试同时也是系统运行与维护过程中非常重要的工作。如何组建 WCDMA 无线网络测试系统？测试系统中有哪些测试工具？它们的功能和特性是什么？这些问题将由本任务内容进行阐述。

2. 培养目标

（1）了解无线网络测试系统的组成结构

（2）熟悉无线网络测试系统的工具特性

（3）学会无线网络测试系统工具的连接

（4）学会搭建无线网络测试系统

3. 实验器材

（1）测试终端

（2）无线网络测试软件

（3）GPS 天线

（4）测试计算机

（5）车载逆变器

2.1.2　相关知识

1. 无线网络测试系统组成结构

在一般的网络优化过程中主要用到以下的一些测试工具。

① 数据采集软件：通过数据采集软件来采集的 RSCP、ECIO 等测试指标。

② 数据处理分析软件：通过数据处理分析软件来定位网络问题以及生成统计报表。

③ 测试手机：通过测试手机采集语音及视频基础数据信号。

④ HSPA 数据卡：通过数据卡来采集数据相关的业务数据。

⑤ Scanner：通过 Scanner 采集基础数据。

⑥ GPS：通过 GPS 采集卫星信号，保证网络问题的定位。

⑦ 车载逆变器：使用车载逆变器能给测试工具供电，如计算机等。

⑧ 测试计算机：测试软件的工作平台。

⑨ 测试车辆：测试人员的工作平台。

室外测试设备连接示意图如图 2-1 所示。

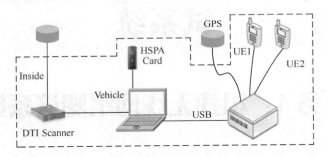

图 2-1 室外测试设备连接示意图

室外测试设备连接如图 2-2 和图 2-3 所示。

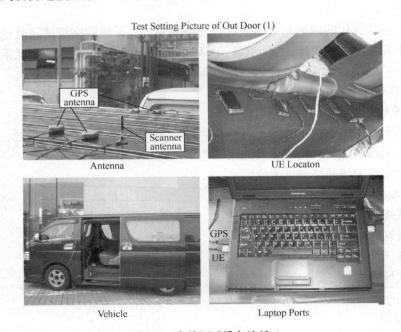

图 2-2 室外测试设备连接 1

室内测试设备连接示意图如图 2-4 所示。

室内测试设备连接示意图如图 2-5 所示。

2. 无线网络测试系统工具简介

(1) WCDMA 测试手机

WCDMA 测试手机不仅具备普通 WCDMA 手机的语音/数据功能，还具备 WCDMA 信令输出、记录功能。WCDMA 测试终端能够将无线网络中的空中接口信令和网络参数进行输出,供数据分析人员进行网络分析。本书中使用诺基亚生产的 N85 测试终端进行介绍。

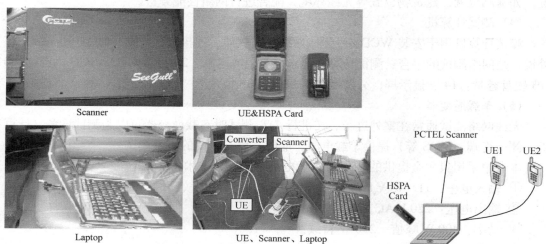

图2-3　室外测试设备连接2　　　　　图2-4　室内测试设备连接示意图

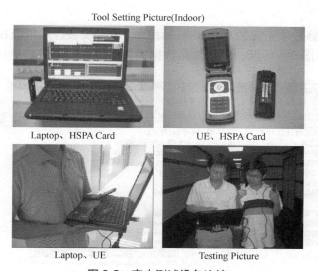

图 2-5　室内测试设备连接

（2）数据采集软件及数据处理软件

WCDMA 无线测试软件分为测试前台部分和测试后台部分。前台测试软件负责与测试终端、MOS 盒、GPS 进行通信,记录网络信令信息和网络参数。后台测试软件负责对前台软件记录的数据进行统计、分析。

① DCI-Pilot PioneerWCDMA 无线测试软件（前台采集数据）。

② DCI-Pilot Navigator WCDMA 无线测试软件（后台分析数据）。

（3）GPS

GPS 天线用来记录网络测试过程中测试终端的位置。当移动测试终端在网络中移动时，GPS 可以提供当前的地理位置，并配合 GIS 电子地图的使用可以标识出当前位置的周边情况，如基站位置、建筑物位置等无线环境，配合进行网络性能分析。

（4）测试计算机

测试计算机用于安装 WCDMA 无线网络测试软件，连接测试终端、MOS 盒、GPS 等外设，是网络测试的平台。测试计算机要求是笔记本电脑，2.0 GHz CPU；1GB 内存；160 GB 硬盘容量；14 寸显示屏，分辨率为 1280×800。

（5）车载逆变器

无线网络测试通常在室外进行。在进行 DT 测试时车载逆变器可以为测试设备（计算机、测试终端、MOS 等）提供车载电源，能够支撑长时间的室外测试。

本书中采用贝尔金提供的 250 W 车载电源逆变器，技术指标如下。

① 输入电压：11～15 V DC。

② 输出电压：220 V AC。

③ 功率：400 W 峰值，250 W 持续。

④ 频率：50±3Hz。

3. 无线网络测试系统工具连接

（1）GPS 连接

测试笔记本电脑必须先安装 GPS 的驱动程序。驱动安装好后可以在设备管理器中看到此 GPS 的端口，如图 2-6 所示。同时，在数据采集软件中就可以检测出该 GPS。

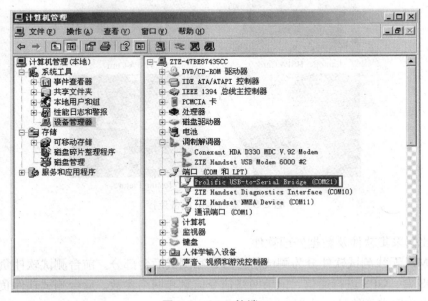

图 2-6　GPS 的端口

（2）Scanner 连接

测试笔记本电脑必须安装 Scanner 的驱动程序。驱动安装好后可以在设备管理器中看到此 Scanner 的端口，如图 2-7 所示。同时，在测试软件中就可以检测出该 Scanner。

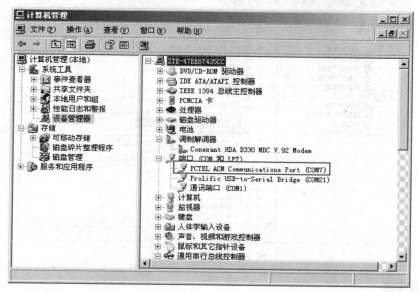

图 2-7 Scanner 的端口

（3）测试手机连接

测试笔记本电脑必须安装测试手机的驱动程序。驱动安装好后可以在设备管理器中看到此手机的端口，如图 2-8 所示。同时，在测试软件中就可以检测出该手机。

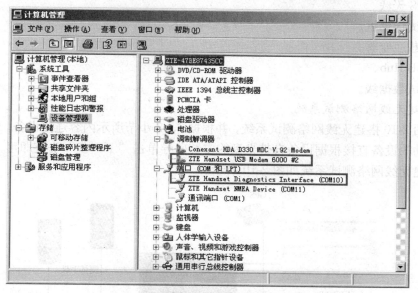

图 2-8 测试手机的端口

（4）数据卡连接

测试笔记本电脑必须安装测试数据卡的驱动程序。驱动安装好后可以在设备管理器中看到此数据卡的端口，如图 2-9 所示。同时，在 ZXPOS CNT 中就可以检测出该数据卡。

25

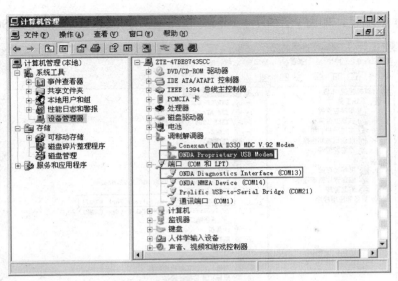

图 2-9　数据卡的端口

2.1.3　任务实施

1. 无线网络测试系统工具准备

需准备的测试工具如下。

① 测试终端。

② 无线网络测试软件（前台部分＋后台部分）。

③ GPS 天线。

④ 测试计算机。

⑤ 车载逆变器。

⑥ USB Hub。

⑦ 测试数据线。

2. 搭建无线网络测试系统

根据图 2-10 搭建无线网络测试系统，并根据 2.1.2 小节所示内容连接设备。手机、GPS 等需要驱动的设备直接根据设备自带光盘的安装向导单击"下一步"安装即可，此处不再叙述。搭建无线网络测试系统如图 2-10 所示。

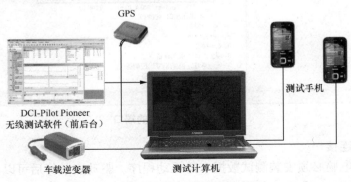

图 2-10　搭建无线网络测试系统

2.1.4　任务评价

评价项目	项目评价的内容	分值	自我评价	小组评价	教师评价	得分
理论知识	① 了解无线网络测试系统的组成结构	5				
	② 熟悉无线网络测试系统工具的特性	5				
	③ 学会无线网络测试系统工具的连接方法	10				
	④ 熟悉系统搭建检查的方法	10				
实操技能	① 能对无线网络测试工具进行准备	8				
	② 能对实验工具仪器进行检查	8				
	③ 能使用无线网络测试工具	8				
	④ 能搭建无线网络测试系统	8				
	⑤ 能测试系统搭建是否正确	8				
安全文明生产	① 安全、文明操作	5				
	② 有无违纪与违规现象	5				
	③ 良好的职业操守	5				
学习态度	① 不迟到、不缺课、不早退	5				
	② 学习认真，责任心强	5				
	③ 积极参与完成项目的各个步骤	5				
总　计　得　分						

任务 2：无线网络测试软件安装与操作

2.2.1　任务描述

在本任务里将对一些常用的测试软件进行简单了解。

1. 项目背景

在无线网络测试系统中，测试软件的作用和意义十分重要，测试类型的定义、测试模板的配置、测试数据的保存和测试数据的回放分析都离不开它，它是采集和分析测试数据核心工具。本节内容将介绍鼎利无线网络测试的安装和操作。

2. 培养目标

(1) 了解日讯测试软件的功能特点

(2) 了解中兴测试软件的功能特点

(3) 了解鼎利测试前后台软件的功能特点

(4) 熟悉鼎利测试软件的界面和操作

(5) 学会安装和配置鼎利测试软件

3. 实验器材

(1) 鼎利测试软件（前后台）

(2) 测试计算机

2.2.2 相关知识

1. 鼎利无线网络测试前台软件 Pioneer 简介

Pilot Pioneer 是一款业界领先的无线网络空中接口测试工具，结合了工程师长期无线网络测试的经验和最新的研究成果，主要用于移动网络的故障排除、评估、优化和维护。该工具是一个基于 Windows NT/2000/XP/2003/Win7 的网络测试评估系统，综合专业角度和最终用户感受，对自己和竞争对手的网络进行全面的测试和分析，提供各种网络关键性能指标的精确测量手段。

Pilot Pioneer 是集成了多个网络进行同步测试的新一代无线网络测试及分析软件，结合长期无线网络优化的经验和最新的研究成果，Pilot Pioneer 作为一个无线网络综合评估软件，具备完善的 GSM/GPRS/EDGE、CDMA IS95/2000/ 1X/EVDO Rev.A、UMTS/HSDPA/HSUPA/HSPA+、TD-SCDMA/ HSDPA/HSUPA、Wi-Fi、WIMAX、CMMB、LTE 网络室内外无线测试功能。Pilot Pioneer 软件界面如图 2-11 所示。

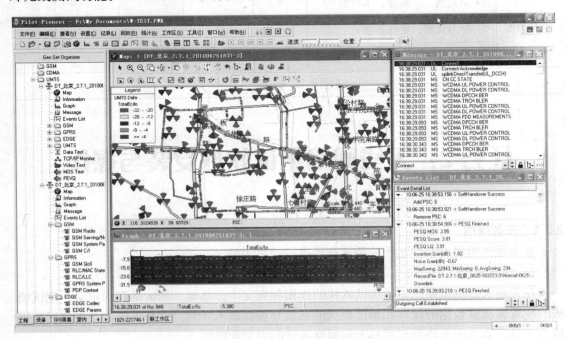

图 2-11　Pilot Pioneer 界面

2. 鼎利无线网络测试后台软件 Navigator 简介

Pilot Navigator 是珠海世纪鼎利通信科技股份有限公司开发的一款智能型网络优化分析系统，其结合了网络优化工程师长期的工程经验和最新研究成果，以出色的性能在业内一路领先。Pilot Navigator 支持包括 GSM（GPRS/EDGE）/CDMA（1X/DORev.0/DORev.A/DoRev.B）/WCDMA（HSDPA/HSUPA/HSPA+）/TD-SCDMA（HSDPA/HSUPA）在内的所有 2G 和 3G 通信网络的优化分析，能够根据不同网络制式的特点，有针对性地进行数据分析处理。同时，Pilot Navigator 支持 Wi-Fi/WIMAX/CMMB/LTE 业务测试数据的分析、查看与统计。Pilot Navigator 具有适合多网络质量评估的多业务 QoS 分析功能，能够提供多样的基于网络优化目的的分析报告，帮助工程师快速诊断并解决网络中存在的问题。

Pilot Navigator 界面如图 2-12 所示。Pilot Navigator 提供了 2G/3G 网间、网内互操作的相关分析统计析功能，对 2G 及 3G 网络地优化、建设都能发挥重要的作用。其内置强大的数据呈现、分析和统计报表模块，并且针对 Wi-Fi/WIMAX/CMMB/LTE 网络业务测试，提供分析和统计报表，可帮助用户深入分析网络质量状况，快速定位网络质量问题。在数据处理方面，Pilot Navigator 支持对超大测试数据量地处理，多年来一直应用于集团测试，对运营商的网络评估和优化起到了关键作用。在网络分析方面，Pilot Navigator 提供了针对各网络特性的专题分析功能，如 C/I 导出、导频污染分析、天馈线接反分析等，用户也可以自定义 KPI 进行分析，如 Delay 分析、Poor Coverage 等。

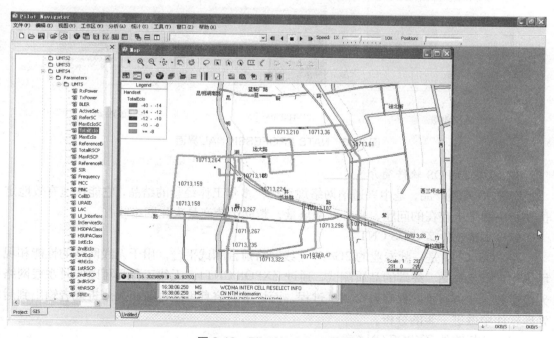

图 2-12 Pilot Navigator 界面

3. 日讯测试软件 NTAS PROFESSIONAL 简介

NATS PROFESSIONAL 作为一款常用的测试软件是日讯公司在多年的开发移动通信网优产品的基础上，在业界率先发布支持多网络制式空中接口测试分析及语音评估功能的统一的网络优化评估系统。NATS PROFESSIONAL 界面如图 2-13 所示。该系统支持 GSM、CDMA、TD-SCDMA、WCDMA、EVDO 多种类型网络性能在同一平台上的测试和分析。为用户提供了完整的测试及分析功能，帮助网优工程师提高工作效率，帮助运营商提高资源利用率及投资效率，从而更加有效地评估和改善网络质量。

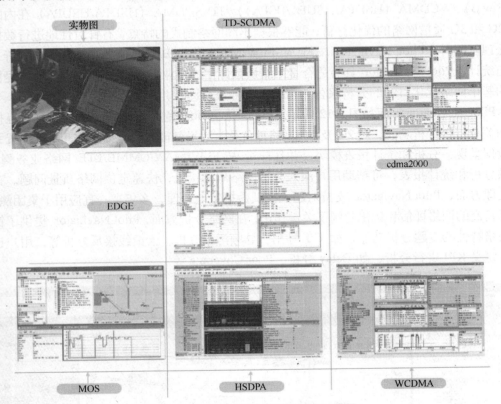

图 2-13　NATS PROFESSIONAL 界面

4. 中兴 ZXPOS 软件简介

ZXPOS 系列产品，是中兴通信网络规划优化多年工作经验的结晶，它能快速有效地定位和解决网络中存在的问题，提升网络质量，帮助运营商最大化网络收益。

（1）测试软件 ZXPOS CNT

ZXPOS CNT 是一款专业的 2G/3G 无线网络前台测试平台，用于无线网络的性能和现场优化，以及基站、终端的品质测试。通过 ZXPOS CNT1，无线工程师可以实时观察网络无线参数、业务质量并保存整个测试过程，而记录的信息可以再做回放分析或者输出到后处理软件中做进一步的分析。

（2）分析软件 ZXPOS CNA

ZXPOS CNA 是 2G/3G 无线网络优化的专业分析软件。ZXPOS CAN 界面如图 2-14 所示。它基于前台测试数据、后台性能数据、基站、地图等信息并采用图表、地理化、回放等方式智能分析无线网络性能，定位网络故障，从而达到指导网络优化、提高网络性能的目的。同时，该软件还提供了初步的网络规划和仿真数据对比的功能。

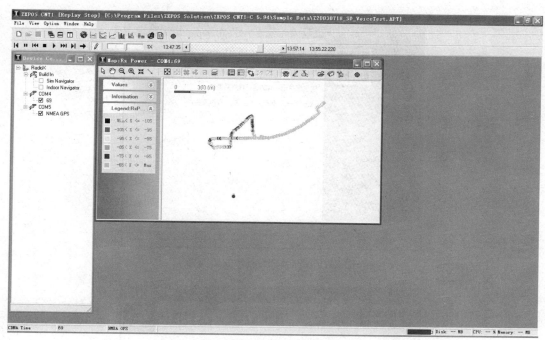

图 2-14　ZXPOS CAN 界面

2.2.3　任务实施

1. 鼎利无线网络测试前台软件 Pioneer 安装

（1）Pilot Pioneer 软件的运行环境

操作系统：Windows 2000（要求 SP4 或以上）/XP（要求 SP2 或以上）。

CPU：Pentium 1.5 GHz 或更高。

内存：512 M 或以上。

显卡：SVGA，16 位彩色以上显示模式。

显示分辨率：1280×800。

硬盘：10 GB 以上剩余空间。

Pilot Pioneer 运行所需内存的大小与用户运行的系统以及分析的测试数据大小有密切关系，内存越大，测试盒分析的速度越快。因此，建议用户最好能够配置稍大的内存空间。

（2）Pilot Pioneer 安装步骤

第一步：首先进入安装向导页面，点击"下一步"按钮则继续安装（点击"取消"按钮则退出安装），如图 2-15 所示。

第二步：选择安装路径。点击"浏览"按钮更改安装路径，点击"下一步"按钮继续安装（点击"上一步"按钮则返回上一级页面，点击"取消"按钮则退出安装），如图 2-16 所示。

第三步：指定 Pilot Pioneer 的快捷方式在"开始→程序"中的位置。点击"下一步"按钮继续安装（点击"上一步"按钮则返回上一级页面，点击"取消"按钮则退出安装），如图 2-17 所示。

图 2-15　Pilot Pioneer 安装向导

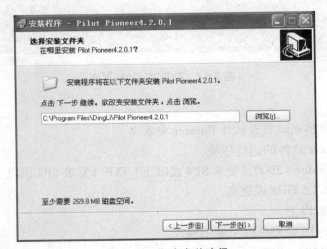

图 2-16　指定安装路径

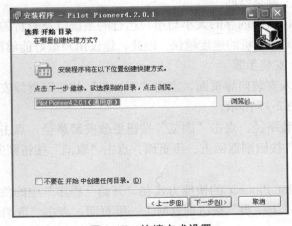

图 2-17　快捷方式设置

第四步：在如图 2-18 所示页面上点击"安装"按钮开始进行 Pilot Pioneer 的安装（点击"上一步"按钮安装程序返回上一级操作，点击"取消"按钮则退出安装），如图 2-18 所示。

图 2-18　Pilot Pioneer 安装页面

第五步：安装成功以后，给出安装成功的提示信息。点击"完成"按钮完成安装。安装成功界面如图 2-19 所示。

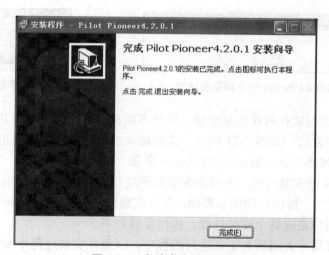

图 2-19　安装成功提示信息

Pilot Pioneer 安装完成之后，系统会提示用户继续安装 Winpcap 软件和 MSXML 软件，请直接根据安装向导单击"下一步"按钮直到完成即可，此处不再叙述。

（3）Pilot Pioneer 加密锁安装

Pilot Pioneer 必须配有加密锁及软件的 License 权限才能正常运行。加密锁的安装和升级在下面单元中将详细介绍。软件的 License 权限以 Pioneer.lcf 文件的形式提供给用户，Pioneer.lcf 文件必须拷贝到 Pilot Pioneer 安装目录的根目录下，Pilot Pioneer 才可正常运行。

例如，若采用 Pilot Pioneer 的默认安装路径安装 Pilot Pioneer，则需将 Pioneer.lcf 文件拷贝到 Pilot Pioneer 的默认路径下。

Pilot Pioneer 运行前用户必须在计算机的 USB 接口上安装 Pilot Pioneer 加密锁，Pilot Pioneer 加密锁是硬件设备，是软件执行的"钥匙"。加密锁使用前要先在计算机上安装驱动程序，只有安装了加密锁的驱动程序，计算机才能识别到加密锁。正常情况下，软件会自动安装加密锁驱动程序，自动完成安装。安装完成后屏幕弹出提示窗口，如图 2-20 所示。

如果因为某些原因加密锁驱动没有正常安装，可以按照如下方法手动安装加密锁驱动程序。

加密锁的安装步骤如下。

第一步：浏览安装光盘 HASPHL 目录并双击 InstallHasp 文件图标，安装加密锁的驱动程序（Pilot Pioneer 的 Setup 程序安装时也会自动安装加密锁的驱动程序）。驱动程序安装成功以后会给出"The operation was successfully completed"的提示信息。此步骤为加密锁驱动。

第二步：加密锁驱动程序安装成功后，在每次使用 Pilot Pioneer 前都要把 Pilot Pioneer 的加密锁插在计算机的 USB 接口上。特别要注意的是，在使用 Pilot Pioneer 加密锁时要始终插在计算机的 USB 接口上，一旦拔出则系统会给出识别不到加密锁的提示信息。

① 如果加密锁没有插在您的计算机 USB 接口上就运行软件，会弹出如图 2-21 所示的错误窗口。

图 2-20　Pilot Pioneer 加密锁安装成功　　　图 2-21　检测不到加密锁的出错信息

② 如果正在运行软件时拔出加密锁，您将不能再进行任何操作，并且过 3min 后会弹出检查不到加密锁窗口，如图 2-21 所示。重新插入加密锁，软件可以正常使用。

2. 鼎利无线网络测试后台软件 Navigator 安装

Pilot Navigator 的安装通过一个自动安装向导进行，该向导将帮助用户成功完成软件的安装。在安装过程中，提供自动提示界面。双击安装光盘下的 Setup.exe 文件图标即开始安装，程序将引导用户完成整个安装过程，操作步骤如下。

第一步：建议用户关闭所有正在运行的程序，以免在安装过程中发生问题。安装程序将提示用户有关软件的说明，确认阅读了版权保护内容，点击"下一步"按钮继续安装（要取消本次安装，点击"取消"按钮），如图 2-22 所示。

第二步：用户可以指定 Pilot Navigator 的安装路径。系统将提示缺省的安装路径，用户也可以修改此安装路径。在确认无误后，点击"下一步"按钮继续安装（点击"上一步"按钮可以返回到上一级安装步骤，如果希望取消本次安装，则点击"取消"按钮），如图 2-23 所示。

第三步：要求用户指定安装完成后 Pilot Navigator 的程序组名称，缺省名为"Navigator 4.2.0"，用户也可以填写自己定义的名称。在安装完成后，该程序组名称将自动加载到 Program

程序列表中。确认程序组名称后，点击"下一步"按钮继续安装（点击"上一步"按钮可以返回到上一个安装步骤；如果希望取消本次安装，则点击"取消"按钮），如图 2-24 所示。

图 2-22　Pilot Navigator 安装界面

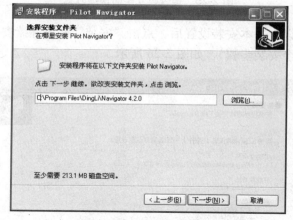

图 2-23　安装路径选择

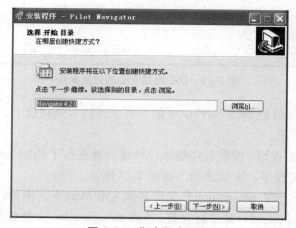

图 2-24　指定程序组名

第四步：如果用户要在桌面创建一个快捷方式，则勾选"在桌面创建图标"，点击"下一步"按钮继续安装（点击"上一步"按钮可以返回到上一个安装步骤），如图 2-25 所示。

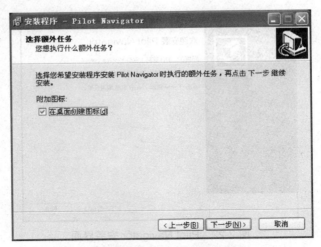

图 2-25　是否建立桌面快捷方式

第五步：在完成以上基本安装设置后，点击"安装"按钮继续安装（点击"上一步"按钮可以返回到上一个安装步骤），如图 2-26 所示。

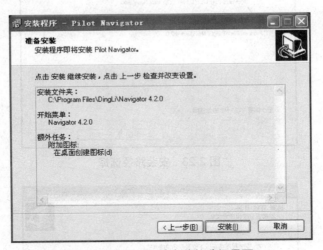

图 2-26　是否继续安装的选择界面

第六步：安装程序将把 Pilot Navigator 的所有文件拷贝到硬盘上，并进行相关参数的自动设置，如图 2-27 所示。

第七步：在拷贝完成后，安装程序提示已经成功地进行了 Pilot Navigator 的安装。点击"完成"按钮退出安装程序，安装成功，如图 2-28 所示。

第八步：将光盘上的 navigator.lcf 文件拷到安装目录下。例如，如果用户安装 Pilot Navigator 时采用默认的安装目录进行安装，需将 navigator.lcf 文件保存在 C:\Program Files\ DingLi\ Navigator4.2.0 目录下。

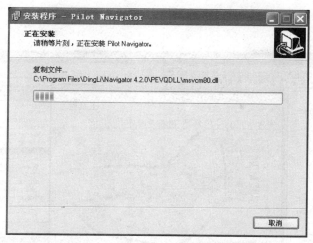

图 2-27　开始为计算机配置安装文件

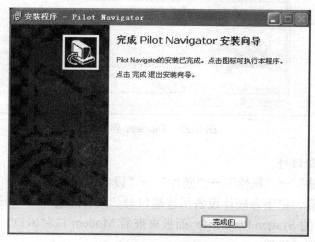

图 2-28　安装成功

Pilot Navigator 安装完成之后，系统会提示用户继续安装 MSXML 软件，如果已经安装则此处可跳过。

Pilot Navigator Setup 程序在运行时会自动安装加密锁驱动。如果需要手动安装，请参照前台软件的加密锁安装过程。

3. 鼎利无线网络测试前台软件 Pioneer 操作

Pioneer 系统主要分为 4 个部分：主菜单栏、工具栏、导航栏和工作区，如图 2-29 所示。左上方的区域为主菜单栏；主菜单栏下方的区域为工具栏，提供了一些常用操作的快捷按钮；左边的区域为导航栏，共有 4 个标签页：General、Device、GIS Info、WorkSpace；右边的区域为工作区，各操作的相应窗体都会在工作区中被打开。

测试准备操作如下。

第一步：设备连接（物理连接）。

为计算机连接测试业务使用的硬件设备，如手机、Scanner、GPS 等。注：硬件设备需

37

安装驱动。

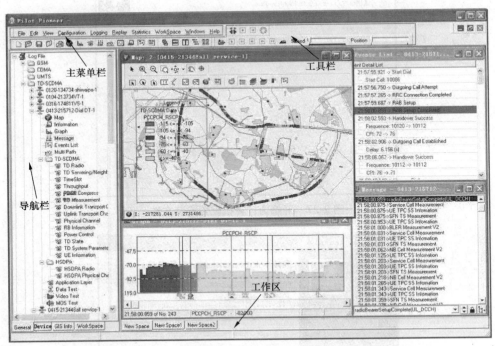

图 2-29　Pioneer 界面

第二步：查看端口号。

打开"我的电脑"→"属性"→"硬件"→"设备管理器"，展开"端口"项并对端口的分配情况进行查看，记下各硬件设备所连端口号。或者通过 Configure Devices 窗口（见图 2-30 的右图）上的 System Ports Info 面板来查看 Modem 口和串口。

第三步：硬件端口设置。

双击导航栏"Device"→"Devices"或单击"Configuration"→"Device"打开设备端口分配窗口。

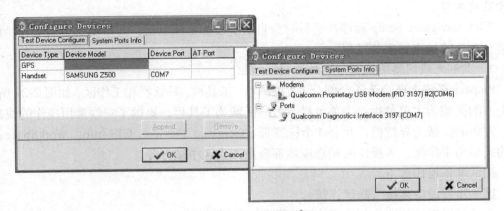

图 2-30　Configure　窗口

图 2-30 说明如下。

Device Type：设备类型。

GPS：全球卫星定位系统。

Handset：测试手机。

Scanner：扫频仪。

Device Model：设备型号。

Device Port：设备连接端口。

AT Port：端口。

Append：添加连接设备。

Remove：删除连接设备。

测试流程如下。

第一步：硬件设备物理连接。

第二步：运行软件，新建工程。

第三步：配置设备连接。点击"Configuration　Device"或双击导航栏的 Device 标签页上的"Devices"，弹出设备连接窗口，如图 2-31 所示。

第四步：新建或导入测试模板。

第五步：点击"Connect/Disconnect"，连接设备。

第六步：连接设备成功后，点击"Start/Stop Logging"打开 log 文件保存窗口，填写测试数据文件名后点击"保存"按钮，开始记录 log 数据。默认 log 文件保存名称按时间定义（月日-时分秒），用户可自行修改数据名称。每个 log 文件可包含多个端口数据，端口数据的个数即为所连测试设备的个数。

第七步：Start Logging 后，弹出"Logging Control Win"窗口。

第八步：在"Logging Control Win"窗口中，点击"Advance"按钮，在图 2-32 所示的窗口中勾选需要调用的测试业务模板，点击"OK"按钮。

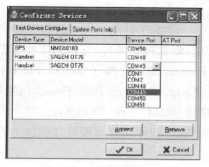

图 2-31　设备连接窗口

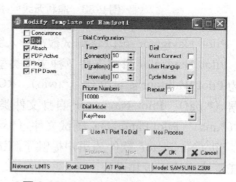

图 2-32　Logging Control Win 窗口

Modify Template of Handset1 窗口左侧提供测试模板选择、右侧提供测试模板设置下侧状态栏显示测试设备信息。

第九步：返回"Logging Control Win"窗口，点击"Start"按钮，开始执行上一步选中

39

的测试业务，点击"Stop"按钮停止测试。

第十步：根据不同的测试业务可以选择打开不同的窗口进行实时查看测试情况。

4. 鼎利无线网络测试后台软件 Navigator 操作

软件主要分为 5 个部分：主菜单栏、工具栏、工作区、导航栏以及状态栏，如图 2-33 所示。

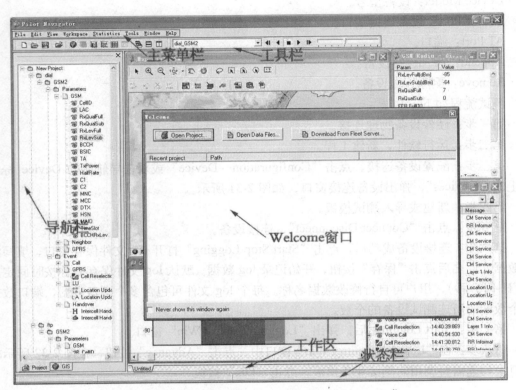

图 2-33　鼎利无线网络测试后台软件 Navigator 组成

Pilot Navigator 可以将测试数据导入到当前工程中，以便在当前工程中进行分析和处理。Pilot Navigator 目前支持 7 种文件类型的导入（以后将支持更多），支持的文件类型分别为 Pilot Walktour 测试文件（*.wto）、RCU 及 Pilot Pioneer 测试文件（*.rcu）、Fleet 下载数据（*.paf）、Pilot Navigator 自身文件类型（*.pag、*.pac、*.pau）、Pilot Premier 测试文件（*.ms）、Pilot Panorama 测试文件（*.cdm）和标准的 MDM 文件（*.mdm）。

Pilot Navigator 软件为用户提供了测试数据回放的功能。软件可以实现从任何地方开始以任意速度的正放和逆放。

（1）回放功能

打开回放时所需要观察的窗口，如 Map、Chart、Message、Table 窗口。

从工具栏的 mark.data_GSM2 ▾ 工具的下拉框中选择要回放的测试数据，然后通过工具栏中的 ◄◄ ◄ ■ ► ►► Speed: 1X ⎯⎯⎯⎯ 10X，对回放进行控制回放过程中可点击任意一个窗口中的回放位置，对回放的位置进行调整。与此同时，该测试数据的其他窗口的回放位置会自动同步调整。

40

回放界面如图 2-34 所示。

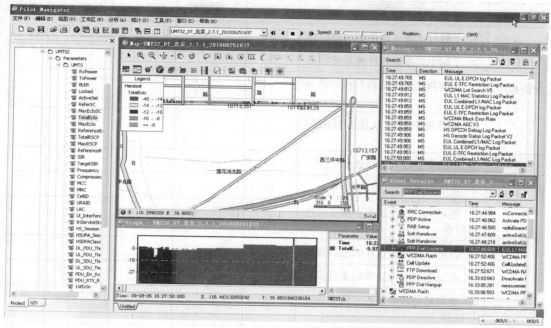

图 2-34　回放界面

（2）分析功能

Pilot Navigator 提供了将 GSM 网络/WCDMA 网络测试数据的 Bad C/I 以 TXT 文件形式导出的功能。激活 GSM/WCDMA 端口数据的右键功能菜单并选择"C/I OutPut"，打开 Output C/I Setting 窗口，如图 2-35 所示。在窗口上设置 Bad C/I 的门限值（C/I Value）和 TXT 文件的保存路径（Output Path），点击"OK"按钮后生成 TXT 文件。TXT 文件被保存在预设路径下，用户可使用 Excel 打开方式将其打开。

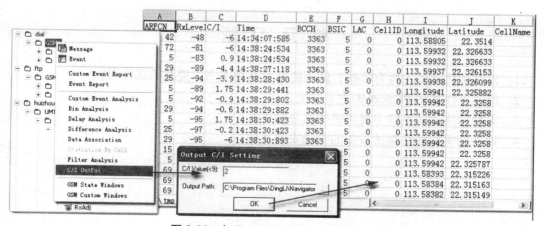

图 2-35　打开 Output C/I Setting 窗口

2.2.4 任务评价

评价项目	项目评价的内容	分值	自我评价	小组评价	教师评价	得分
理论知识	① 了解日讯测试软件的功能特点	5				
	② 了解中兴测试软件的功能特点	5				
	③ 了解鼎利测试前后台软件的功能特点	5				
	④ 熟悉鼎利测试软件的界面和操作	5				
实操技能	① 正确安装鼎利前台软件	10				
	② 正确安装鼎利后台软件	10				
	③ 能对前台软件是否正确安装进行检查	5				
	④ 会对鼎利前台软件的进行操作	10				
	⑤ 会对鼎利后台软件的进行操作	10				
	⑥ 能对后台软件是否正确安装进行检查	5				
安全文明生产	① 安全、文明操作	5				
	② 有无违纪与违规现象	5				
	③ 良好的职业操守	5				
学习态度	① 不迟到、不缺课、不早退	5				
	② 学习认真，责任心强	5				
	③ 积极参与完成项目的各个步骤	5				
总 计 得 分						

单 元 习 题

1．网络优化软件主要有哪些？你还能介绍几种本书未提及的软件吗？
2．简述无线测试 Pioneer 的主要功能。
3．无线网络测试系统主要由哪些部分构成？
4．请手动实施网络测试设备的驱动安装过程。

第3单元 WCDMA语音业务评估测试

任务1：语音呼叫测试

3.1.1 任务描述

1. 项目背景

在网络优化过程中，语音呼叫测试是其中必不可少的一项业务，一般的覆盖优化基本都以语音测试的指标为主。在本任务单元里，将介绍语音测试及相关优化的基本步骤。

2. 培养目标

（1）熟悉语音业务测试指标

（2）熟悉语音业务测试规范

（3）熟悉 RRU 的硬件结构和特性

（4）熟悉无线网络测试流程

（5）掌握测试软件的基本操作

（6）学会对语音业务进行测试操作

3. 实验器材

（1）测试终端

（2）无线网络测试软件

（3）GPS 天线

（4）测试计算机

（5）车载逆变器

（6）Mos 盒

3.1.2 相关知识

1. 3G 语音业务测试指标

语音业务的测试指标主要有以下几个。

（1）RSCP

RSCP（Received Signal Code Power），接收信号码功率，是在 DPCH、PRACH 或 PUSCH 等物理信道上收到的某一个信号码功率。

（2）Ec/Io

Ec/Io，码片能量/干扰功率密度，是衡量通话质量的重要指标之一。

（3）TXPOWER

TXPOWER，手机发射功率。

(4) BLER

BLER，误块率，指传输块经过 CRC 校验后的错误概率。

2. 3G 语音呼叫测试规范

由于测试规范并不是一成不变，不同区域的测试规范可能并不相同，以下将以某地的测试规范为例说明语音呼叫测试规范。

(1) 业务测试方法规范

① 测试时段：每天 7:30～19:30 进行，西藏和新疆向后推迟 2h。

② 测试路线：按要求规划测试路线，并尽量均匀覆盖整个城区主要街道，且尽量不重复。覆盖区域测试范围主要包括：城区主干道、商业密集区道路（商业街）、住宅密集区道路、学院密集区道路、机场路、环城路、沿江两岸、城区内主要桥梁、隧道、地铁和城市轻轨等。

③ 测试速度：在城区保持正常行驶速度；在城郊快速路车速应尽量保持在 60～80km/h，不限制最高车速。

④ 测试设备：使用诺基亚 N85 手机、鼎利路测软件 Pilot Pioneer。

⑤ 测试方法：话音业务测试采用 DT 方式，同一辆车内两部 WCDMA 终端，任意两部手机之间的距离必须≥15 cm，手机的拨叫、接听、挂机都采用自动方式，每次通话时长 180 s，呼叫间隔 45 s，如出现未接通或掉话，应间隔 45 s 进行下一次试呼。

(2) DT 呼叫测试数据记录规范

① DT 测试文件命名必须以"DT_城市名称_xG_测试业务_设备商_测试仪表厂商_测试第三方_测试时间"命名。其中，xG 表示 2G 或 3G，测试时间按测试起始年月日时分，如"DT_北京_3G_语音业务_爱立信_鼎利仪表_华星_200902010930"，并以与文件名相同的命名原则压缩成.RAR 文件。

② 通过锁频测试获取的 DT 测试文件命名必须以"DT_城市名称_xG_测试业务（锁频：xxxxM）_设备商_测试仪表厂商_测试第三方_测试时间"命名。其中，测试时间按测试起始年月日时分，如"DT_北京市_2G_语音业务（锁频：1800M）_爱立信_鼎利仪表_华星_200902010930"，以与文件名相同的命名原则压缩成.RAR 文件。

(3) CQT 呼叫测试数据记录规范

① 3G 语音 CQT、2G 语音 CQT 需要手工测试，手工填写记录表，记录当天测试点情况以及其他需人工记录的信息。

② 每个城市 CQT 测试记录命名格式如下："CQT_城市名称_xG_测试业务_设备商_测试仪表厂商_测试第三方"，如"CQT_北京_3G_语音业务_爱立信_手工测试_华星"，并以与文件名相同的命名原则压缩成.RAR 文件。

③ 3G VP CQT 和 3G 数据业务 CQT 测试采用自动拨测。测试文件命名必须以"CQT_城市名称_3G_测试业务_设备商_测试仪表厂商_测试第三方_测试时间"命名，测试时间按测试起始年月日时分，如"CQT_北京_3G_VP 业务_爱立信_鼎利仪表_华星_200902010930"，并以与文件名相同的命名原则压缩成.RAR 文件。

3. 无线网络测试流程

网络测试的流程比较简单，不同业务如语音呼叫测试、视频呼叫测试与数据业务测试基本都有其共通性，在本小节中，将以语音呼叫测试为例说明无线网络测试流程，其主要过程如下。

① 测试前准备，包括各种测试工具如测试软件、测试设备、车辆准备、测试路线规划等都需要测试人员在测试前与项目负责人员沟通确定。

② 无线网络测试系统搭建，主要包括软件安装、无线设备的硬件连接。

③ 开始测试，在无线网络测试系统搭建完成后，需要在测试软件上进行简单设置，包括添加设备、连接设备、开始记录数据，启动语音业务呼叫模板，至此语音呼叫开始，可以开始按照既定测试路线进行测试了。

④ 结束测试，在语音测试业务完成后，需要手动结束语音测试任务，主要过程为：结束语音测试计划，停止记录数据、断开设备连接、关闭软件。至此，语音测试任务完成。

在下面小节里，将详细介绍步骤③及步骤④。①、②步骤内容不再做介绍。

3.1.3　任务实施

1. 测试软件操作

一般在测试过程之前，将手动创建测试工程，对测试进行简单设置，下次测试时，只要将保存的测试工程打开后即可进行测试任务。对于使用相同设备的不同的测试任务，只有测试任务模板不同而已。

⚠ 注意

对于同一个测试工程要保证测试系统的硬件连接与创建测试工程时的硬件连接一致，保证设备与计算机的通信端口未发生改变，否则在软件中连接硬件设备将发生失败。

创建测试工程步骤如下。

第一步：运行软件，创建测试工程，如图 3-1 所示。

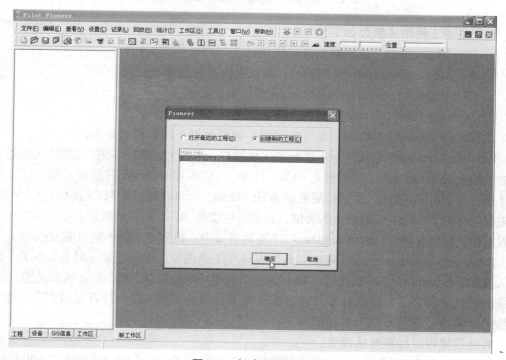

图 3-1　创建测试工程

第二步：设置"创建新的工程"数据保存路径及主要工程参数。测试工程参数设置如图 3-2 所示。

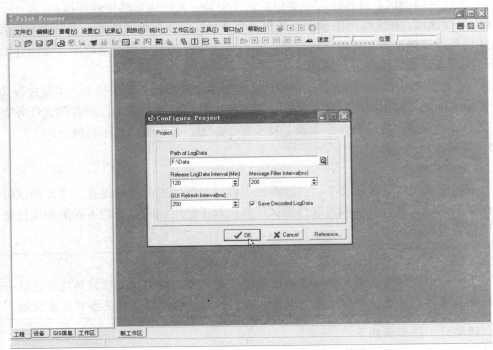

图 3-2 选择测试工程的存储路径及工程参数

设置主要工程测试参数如下。

① Path of LogData：原始数据保存路径。

② Release LogData Interval（Min）：测试中内存数据释放时间。

③ GUI Refresh Interval（ms）：Graph 窗口刷新间隔。

④ Message Filter Interval（ms）：解码信令时间间隔。

⑤ Save Decoded LogData：是否实时保存解码数据在计算机硬盘上。

Path of LogData：鼎利软件对于原始测试数据有一个很大比例的压缩，压缩比大概是 1:6。压缩后的数据（Log 文件）的扩展名 RCU，比如，"0208-120544UMTS 互拨 DT.RCU"。前台软件还有一个解码的数据，数据扩展名是 WHL，比如，"0208-120544UMTS 互拨 DT-1.WHL"。最需要保存的是原始的压缩格式的数据，也就是后缀是 RCU 格式的数据。这个数据的存储位置就在工程设置的"Path of LogData"下面的目录中，设置之后就不能再随意改动了。

Release LogData Interval（Min）：具体表现在于地图窗口的路径显示时长。例如，软件默认设置的是 30min，在测试进行了 1h 的时候，只能在地图窗口看到 30min 内的数据，30min 之前的数据就消失了。但这并不代表数据消失了，只是在地图窗口没有显示而已。在后台回放的时候路径还是可以正常显示的。

其他设置可以按照默认设置。

第三步：设置"Reference"高级参数选项，"Reference Option"窗口提供了 3 个设置窗口，第一个为"General",第二个为"InLogging",第三个为"TCP/IP Setting",如图 3-3 所示。

在 General 窗口的两个设置中,软件可以自动按照文件大小或测试记录 Log 时长断开 Log 文件,并马上重新记录一个新的 Log 文件。在用此功能的时候,有可能会发生如下一些情况。

① 在话音测试过程中,软件自动断开 Log 文件的那一刻,手机正在通话,会使得这个 Log 文件没有正常结束通话的信令,可能引起软件对事件的误判。

② 在数据业务测试过程中(如 FTP 下载等),软件自动断开 Log 文件的那一刻,手机正在下载文件,会使得这个 Log 文件没有正常断开网络连接的信令,可能引起软件对事件的误判。

因此,建议不使用软件自动断开 Log 功能。

InLogging 窗口设置如图 3-4 所示。其作用是在开始测试的时候,软件会自动打开所选窗口。也就是可以在这里选择软件自动打开窗口的个数及类型。

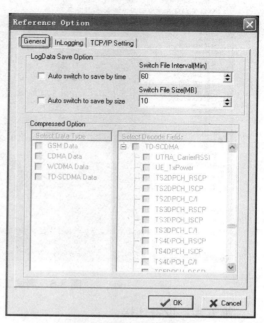

图 3-3 设置高级工程参数 General

TCP/IP Setting 设置的是计算机做数据业务时的 Windows Size,是设置数据传输所用的端口开放性的参数,如图 3-5 所示。

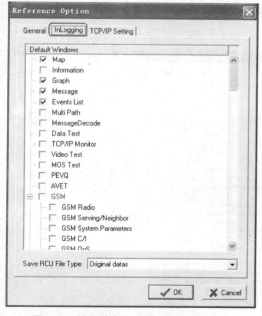

图 3-4 设置高级工程参数 InLogging

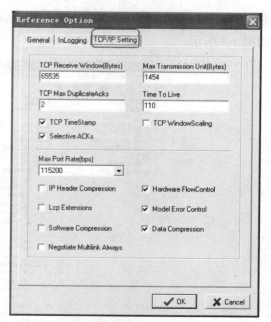

图 3-5 设置高级工程参数 TCP/IP Setting

第四步:设置完成。点击"OK"按钮后软件设置完成,如图 3-6 所示。

图 3-6　测试工程模板参数设置完成

第五步：设备连接。

在配置设备之前，请确保各个硬件设备的驱动已经正确安装，并且各个需要使用的硬件设备已经连接到计算机的正确端口上。"我的电脑"右键单击，选择"管理"→"设备管理器"中的"Modem"和"端口"查看各设备是否显示正常，且没有端口冲突。

先插上一个测试终端设备，本例中使用的终端设备是 Nokia N85 测试手机。此时可以看出，计算机监测到的调制解调器为"Nokia N85 USB Modem"及其使用的端口号信息，如图 3-7 所示。

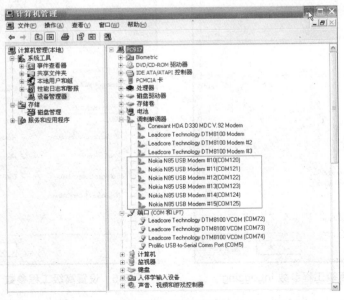

图 3-7　设备端口

在软件左侧导航栏中选择"设备"项中的"Devices"双击（或在软件菜单中选择"设置"→"设备"，对测试设备进行配置，如图 3-8 所示。

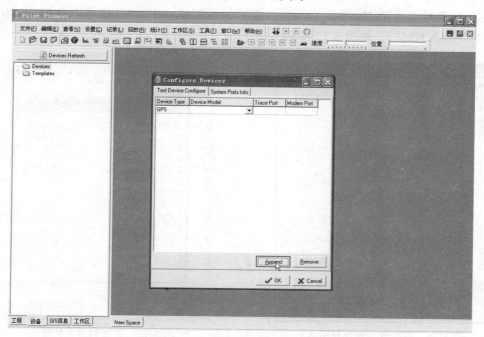

图 3-8　在软件中对测试设备配置

如果测试中需要 GPS（一般 DT 需要 GPS 来得出测试轨迹），则在"Device Type"→"GPS"中选择"NMEA 0183"，在后面的"Trace Port"中选择 GPS 的端口（GPS 设备不需要配置"Modem Port"），如图 3-9 所示。

GPS 的端口号可以通过"System Ports Info"窗口进行查看，如图 3-10 所示。

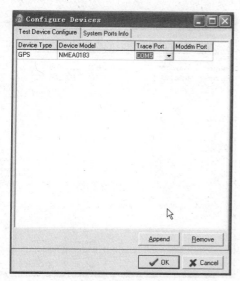

图 3-9　配置 GPS 的端口

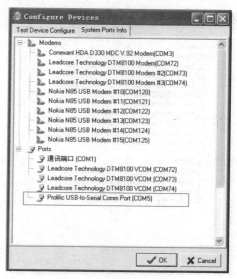

图 3-10　系统端口信息

在 "Test Device Configure" 窗口下方找到并单击 "Append"，可以新增加一个设备，如图 3-11 所示。

在下拉菜单中选择 Handset（手机），在 "Device Model" 中选择手机类型（如本文中选择的 "Nokia N85"），如图 3-12 所示。

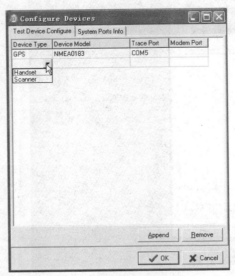

图 3-11　在软件中增加新设备

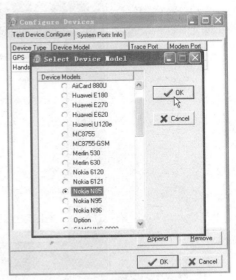

图 3-12　配置测试手机类型

再在 "System Ports Info" 中查看手机的 Ports 口和 Modem 端口，配置手机相应的端口，如图 3-13 所示。

在 "Test Device Configure" 中配置手机的 "Trace Port" 和 "Modem Port" 端口，如图 3-14 所示。

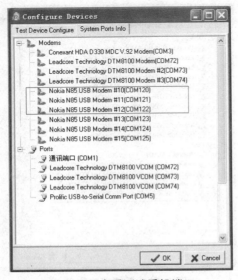

图 3-13　查看测试手机端口

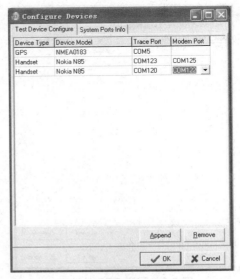

图 3-14　配置测试手机端口

　　如果有第二部、第三部手机，分别按照上面的操作配置各个手机端口。在有多个手机需要连接的情况下，要一部一部手机插到计算机上，插上一个手机配置一个手机的端口。这样可以避免手机太多而端口混乱、配置出错的情况。

　　第六步：保存工程配置。

　　在经过以上各个设置之后，最好对以上的配置做一保存，以方便以后调用本次配置。前面所有设置（含测试设备配置、测试模板信息、MOS 相关设置信息等）都将随工程文件保存。保存的方法为：在软件图标中选择"🖫"按钮。

　　弹出窗口中要求选择保存路径和输入文件名称，应将文件保存在默认路径下，文件的后缀名为".PWK"。该文件中会保存前期所有的配置，如果今后有相同的测试任务，即可打开该工程，而不必对之前所做过程做重复工作。文件保存如图 3-15 所示。

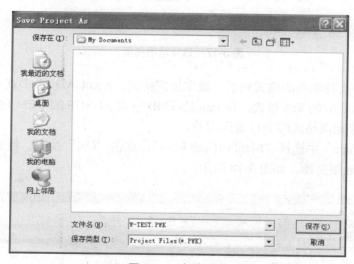

图 3-15　文件保存

2. 语音呼叫测试操作

　　打开上述创建的测试工程，方法为"文件"→"打开测试工程"，找到创建的测试工程。打开之后的主要工作是导入此次测试任务的区域地图及基站，并为此次测试任务创建语音测试任务模板。具体步骤如下。

　　第一步：导入地图。

　　方法一：选择主菜单"编辑→地图→导入"，在弹出的窗口中选择导入地图的类型，如图 3-16 所示。

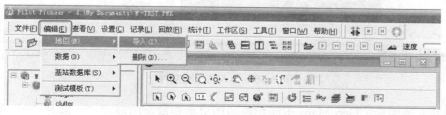

图 3-16　导入地图界面

方法二：双击导航栏"GIS 信息"面板的"Geo Maps"，选择地图类型，如图 3-17 所示。

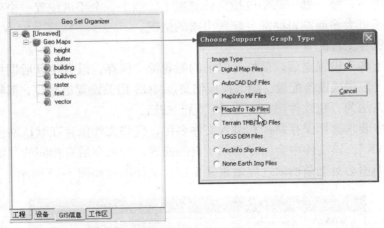

图 3-17　选择地图类型

　　Pioneer 软件支持地图的格式包括：数字地图格式、AutoCAD 的 Dxf 格式、MapInfo 的 Mif 格式、Mapinfo 的 Tab 格式、Terrain 的 TMB 格式、USGS 的 DEM 格式、ArcInfo 的 Shp 格式和非标准地图格式的 Img 地图图片。

　　在"Image Type"中选择"MapInfo Tab Files"，点击"OK"按钮，找到地图存放路径并选择要导入的地图文件，如图 3-18 所示。

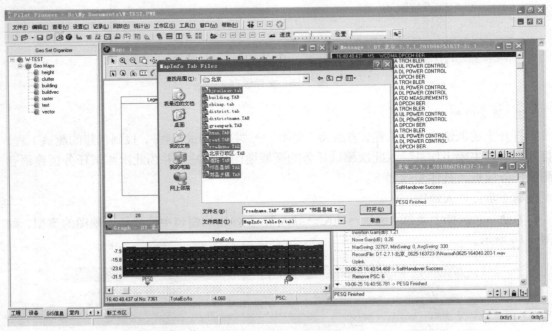

图 3-18　导入的地图文件

　　成功导入地图后，Geo Maps 下面相应的图层类型前会出现"+"，展开"+"可以查看各个图层信息，如图 3-19 所示。

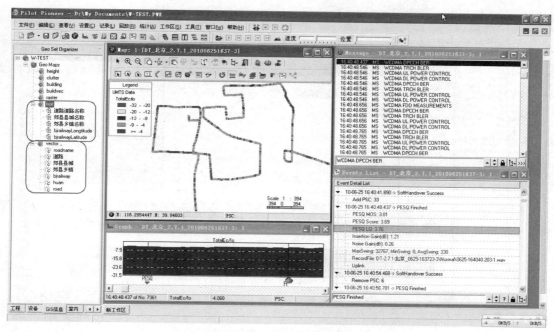

图 3-19　图层信息窗口

选中单个图层名或者图层类型名称，如"vector"。将图层拖曳至地图窗口，即可看到地图信息。

第二步：导入基站。

Pioneer 软件对 WCDMA 的基站数据库格式是要求是*.txt 格式的文本文件，数据库必须包括的数据项如表 3-1 所示（列的顺序没有要求，但每个字段名称严格要求一致）。

表 3-1　　　　　　　　　　　　　　基站数据库格式

SITE NAME	基站名称
CELL NAME	小区名称
LONGITUDE	基站的中央子午线经度
LATITUDE	基站的中央子午线纬度
PSC	主绕码
LAC	所属位置区
CELL ID	小区 ID
AZIMUTH	天线方位角

双击导航栏工程里"Sites"下面的"UMTS"或者右键选择"导入"或者通过主菜单"编辑"→"基站数据库"→"导入"来导入 WCDMA 基站数据库，如图 3-20 所示。

导入的基站在导航栏工程面板"Sites"下的"UMTS"中显示，拖动"UMTS"或"UMTS"

下的某个基站到地图窗口即可显示，如图 3-21 所示。

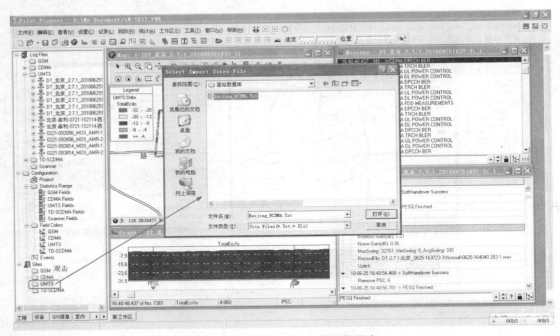

图 3-20 导入 WCDMA 基站数据库

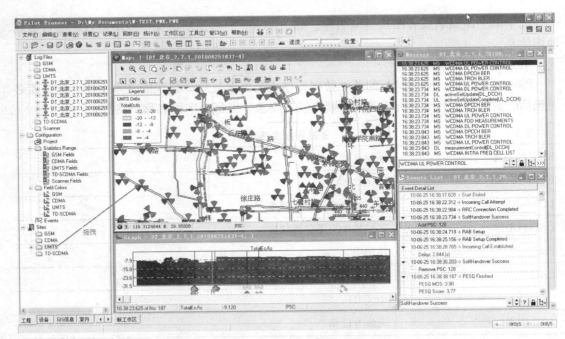

图 3-21 导入后的基站视图

第三步：创建业务测试模板。

在软件菜单栏上的设置菜单下选择"测试模板"或双击导航栏"设备"中的"Templates"，

如图 3-22 所示。

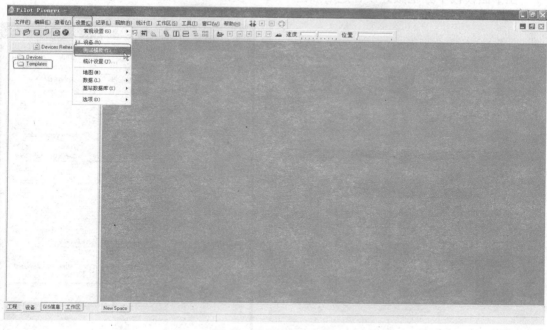

图 3-22　创建测试模板

在弹出的"Template Maintenance"窗口选择"New"按钮，并在跳出的"Input Dialog"窗口中输入新建模板的名字之后点击"OK"按钮。建议模板名字用测试业务名字详细命名，这样便于对以后建立更多的模板的区分，如图 3-23 所示。

在弹出的"Template Configuration：[AMR 测试]"窗口中选择"New Dial"并点击"OK"按钮，如图 3-24 所示。

图 3-23　给测试模板命名

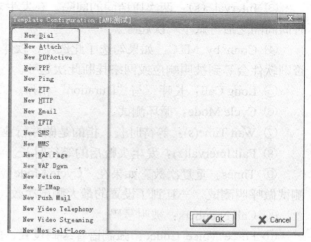

图 3-24　选择测试类型

在此需要选择"UMTS"网络并点击"OK"按钮，如图 3-25 所示。

在下面模板中分别做好设置之后点击"OK"按钮即可，如图 3-26 所示。

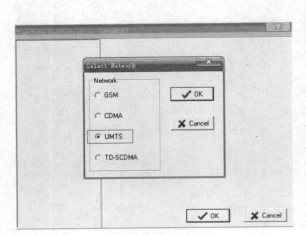

图 3-25　选择网络类型

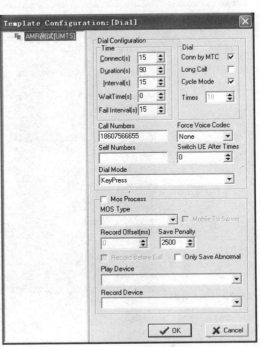

图 3-26　配置语音测试模板参数

语音测试配置模板参数说明如下。

① Connect（s）：连接时长。如果主叫手机正常起呼，在设置的连接时长内被叫手机没有正常响应，软件会自动挂断此次呼叫而等待下一次呼叫。

② Duration（s）：通话时长。

③ Interval（s）：两次通话间的间隔。在发生未接通、掉话之后，也是要等到 Interval 时间间隔之后再做下一次起呼。

④ Conn by MTC：如果勾选了此选项，软件会按照"Connect"时长控制手机起呼，否则软件会等到被叫响应或网络挂断此次起呼。

⑤ Long Call：长呼。与"Duration"相斥。

⑥ Cycle Mode：循环测试。

⑦ Wait Time(s)：等待时长，指的是做并行业务时的等待时长。

⑧ Fail Interval(s)：发生失败后的等待时长。

⑨ Times：重复次数。如果在"Cycle Mode"处没有勾选，软件会按照"Times"设置测试做呼叫测试，一旦到了设置的最大测试次数，软件会自动停止此模板的测试。

⑩ Call Numbers：被叫号码。

⑪ Force Voice Codec：强制语音编码设置，此项设置是针对 GSM 网络特有的，有以下几项。

- None：不设置
- Full Rate：全速率
- EFR：增强型全速率

⑫ Self Numbers：主叫手机号码（本机号码）。

⑬ Switch UE After Times：经过多少次呼叫之后，主被叫手机互换。此功能是一个自动翻转主被叫的测试方法，比如设置为 5，则在主叫手机拨打被叫 5 次之后，自动互换主被叫关系，再进行 5 次被叫号码拨打主叫。

⑭ Dial Mode：语音编码方式。软件可以提供 WCDMA 网络支持的各种单独的编码方式，如果测试 AMR（自适应可变速率编码），请选择"KeyPress"。

⑮ MOS Process：如果要进行 MOS 测试，请选择此按钮。

⑯ MOS Type：MOS 盒类型选择，分为以下几项。

- Single MOS：单路 MOS 盒
- Multi MOS Ver2.0：2.0 版本的多路 MOS 盒
- Multi MOS Ver3.0：3.0 版本的多路 MOS 盒

⑰ Mobile to Server：只有使用单路 MOS 时有用，用于主叫拨打服务器方式的 MOS 测试。

⑱ Recode Offset(ms)：MOS 记录时间偏置。

⑲ Save Penalty：MOS 低于多少时存储问题波形，这里填写 MOS 分值，当 MOS 分小于此分值时，软件存储波形文件以供分析。此选项和下面的"Only Save Abnormal"选项一起使用。

Only Save Abnormal：只存储 MOS 分低于"Save Penalty"设置的分值的波形文件。如果不选择，则记录所有波形文件。

⚠ 注意

对于单语音测试和有 MOS 的测试，只是多了一个 MOS 选项。测试 MOS 指标的同时，语音各指标项也已经测试完成，而不必再重新测试语音指标。

MOS 模板参数配置如图 3-27 所示。

注：

① 这里的 MOS Process 需要设置为单路 MOS 形式，即不需要勾选"Multi MOS"选项；

② "Play Device"和"Record Device"需要互相交叉选择；

③ MOS 测试的过程中，需要严密关注 MOS 评分情况，如图 3-28 所示。

第四步：开始测试。

（1）连接设备

选择主菜单"记录→连接"或点击工具栏 ▦ 按钮，连接设备。

（2）记录 Log

选择主菜单"记录→开始"或点击工具栏 ▣ 按钮，指定测试数据文件名称后开始记录；测试数据名称默认采用"日期-时分秒"格式，用户可重新指定，如图 3-29 所示。

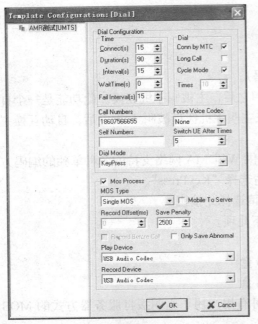

图 3-27 MOS 测试参数配置

图 3-28 MOS 测试评分监控

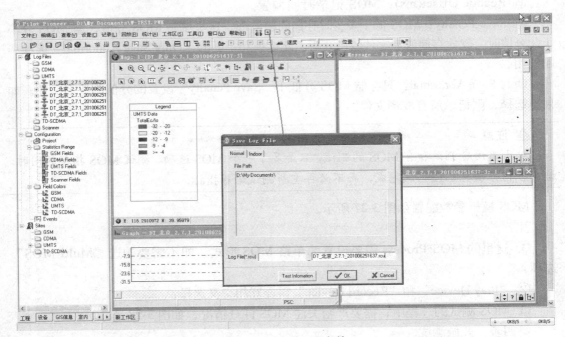

图 3-29 存储 log 文件

注：数据存储路径只能按开始时工程保存的位置，此时无法更改！

（3）设置控制窗

在开始记录 Log 后，软件会自动弹出一个窗口："Logging Control Win"，在此模板中需要做进一步设置才能使软件正常测试，如图 3-30 所示。选中左侧的测试终端后，可从窗口右侧对其进行测试计划管理，并可查看其测试状态。

　　在"Logging Control Win"窗口左侧选择测试终端，在窗口右侧对其进行测试计划管理。以语音测试为例，需要在"Logging Control Win"窗口中测试管理 3 个内容。

　　在 Logging Control Win 中选择主叫手机。选择第一个手机（在 Logging Control Win 窗口左侧有"Handset-1"、"Handset-2"等设备，第一个设备即第一个手机）作为主叫。通常软件默认会选中第一个手机作为主叫，但有时会用多个手机测试，主叫手机可能不在第一个。例如，用 4 个手机做两网对比测试，建议使用第一个、第三个手机分别作为主叫，第二个、第四个手机分别作为被叫。

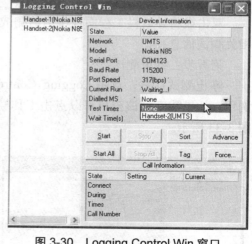

图 3-30　Logging Control Win 窗口

　　① 在 Logging Control Win 窗口右侧"Dialled MS"中选择被叫手机。这里一定要选择一个被叫手机，否则软件不能正常找到被叫手机而无法控制被叫手机自动接听。

　　② 制订测试计划。点击"Advance"按钮，在弹出的窗口左侧可通过勾选方式来选择要执行的测试计划，如图 3-31 所示。

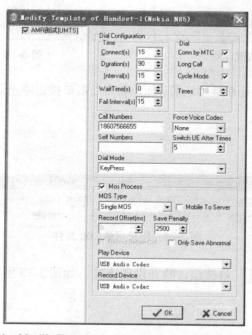

图 3-31　Modify Template of Handset-1（Nokia N85）窗口

（4）执行测试计划

　　点击 Logging Control Win 窗口中间的"Start"按钮，让选中的手机执行测试计划，如

图 3-32 所示。

（5）显示测试信息

双击或将导航栏工程面板中当前测试数据名下的相应窗口拖入工作区，即可分类显示相关测试信息。

第五步：结束测试。

停止测试计划，点击 Logging Control Win 窗口中的"Stop"按钮终止对测试计划的调用。如果找不到该窗口可以点击工具栏上的 按钮，再点击"Stop"按钮停止测试，如图 3-33 所示。

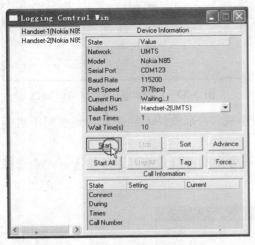

图 3-32　启动测试计划

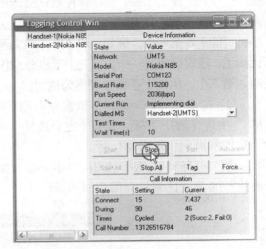

图 3-33　停止测试计划

停止测试后 Log 文件还在继续记录 Log，需要点击 按钮停止记录 Log 文件，如图 3-34 所示。

图 3-34　停止记录 Log 文件

最后选择"断开连接" 按钮，断开设备连接，如图 3-35 所示。

图 3-35　断开设备连接

3.1.4　任务评价

评价项目	项目评价的内容	分值	自我评价	小组评价	教师评价	得分
理论知识	① 熟悉语音业务测试指标	4				
	② 熟悉语音业务测试规范	4				
	③ 熟悉 RRU 的硬件结构和特性	4				
	④ 熟悉无线网络测试流程	4				
	⑤ 掌握测试软件的基本操作	4				
实操技能	① 能对语音业务进行测试操作	10				
	② 能组建语音业务测试系统	10				
	③ 能对测试系统是否正确搭建进行检查	5				
	④ 能配置测试模板和参数	10				
	⑤ 能进行语音业务测试操作	10				
	⑥ 能对测试数据保留	5				
安全文明生产	① 安全、文明操作	5				
	② 有无违纪与违规现象	5				
	③ 良好的职业操守	5				
学习态度	① 不迟到、不缺课、不早退	5				
	② 学习认真，责任心强	5				
	③ 积极参与完成项目的各个步骤	5				
总 计 得 分						

任务2：语音测试数据分析

3.2.1　任务描述

1. 项目背景

在语音业务测试完成后，需要对某些指标（如 RSCP 等）进行查看，找到网络中问题点进行分析，并给出处理意见供后期调整使用。通过数据分析了解网络的整体情况，为接下来的优化工作提供有力依据。

2. 培养目标

（1）了解 3G 语音业务的性能指标

（2）熟悉 3G 语音业务的数据规范

（3）掌握语音业务测试数据的回放操作

（4）学会对语音业务测试数据的分析

3. 实验器材

(1) 无线网络测试软件

(2) 测试计算机

3.2.2 相关知识

1. 3G 语音业务性能指标

语音业务性能指标主要有以下几个。

(1) −90dBm 覆盖率

−90dBm 覆盖率＝(TotalRSCP≥−90dBm&TotalEc/Io≥−12dB)的采样点数/采样点总数×100%

📖 说明

采样点数取主、被叫手机的采样样本点数之和。

---

(2) −85dBm 覆盖率

−85dBm 覆盖率＝(TotalRSCP≥−85dBm&TotalEc/Io≥−10dB)的采样点数/采样点总数×100%

📖 说明

采样点数取主、被叫手机的采样样本点数之和。

---

(3) RRC 建立成功率

RRC 建立成功率＝RRC 成功次数/RRC 请求次数×100%

① RRC 请求次数：UE 发送 rrcConnectionRequest 信令，其原因值为 Originating CoversationalCall，或 terminatingConversationalCall、流类、背景类、交互类计为一次试呼，重发多次只计算一次。

② RRC 成功次数：RRC 请求后，UE 发出 RRC Connection Setup Complete。

(4) RAB 建立成功率

RAB 成功次数/RAB 请求次数×100%

① RAB 请求次数：UE 收到 Radio Bearer Setup。

② RAB 成功次数：UE 发出 Radio Bearer Setup Complete。

(5) 语音呼叫主叫接通率

接通率＝接通次数/试呼次数×100%

① 试呼次数：UE 发送 rrcConnectionRequest 信令，其原因值为 OriginatingCoversationalCall 计为一次试呼，rrcConnectionRequest 重发多次只计算一次。

② 主叫接通次数：当一次试呼开始后，出现 Connect 或 Connect Acknowledge 消息中的任何一条出现就计数为一次接通。

(6) 语音呼叫被叫接通率

被叫接通率＝被叫接通次数/被叫试呼次数×100%

① 被叫试呼次数：UE 发送 rrcConnectionRequest 信令，其原因值为 Terminating Conversational Call 计为一次试呼，rrcConnectionRequest 重发多次只计算一次。

② 被叫接通次数：当一次被叫试呼开始后，出现了 Connect 或 Connect Acknowledge 消息中的任何一条就计数为一次接通。

（7）语音呼叫掉话率

掉话率=掉话次数/接通总次数×100%

① 掉话次数：当一次呼叫建立成功以后，未收到或发出 Disconnect/ Release/Release complete 信令（原因值正常）中任意一条，手机返回 Idle。

② 接通次数：当一次试呼开始后出现了 Connect 或 Connect Ack 消息计为一次接通。

（8）导频污染比例

导频污染比例=导频污染点数/总采样点数×100%

总采样点对于 UE 只统计业务状态下的采样点。

导频污染采样点数判断规则如下。

① 导频 RSCP≥−100dBm 的 PSC 个数≥4。

② 最强导频 $EcIo$ 和其他导频 $EcIo$ 差值＜3dB。

③ 导频污染点对 UE 需统计激活集、监测集、检测集内所有导频。

④ 导频污染点对于 Scanner 数据需要针对不同载波分别统计。

2. 3G 语音业务数据规范

网络优化分析需求根据不同的业务需求查看不同的性能指标，主要查看的性能指标如表 3-2～表 3-7 所示，每次业务测试都需要根据实际情况填写表 3-2～表 3-7。

（1）Total$EcIo$ 指标

Total$EcIo$ 具体指标要求如表 3-2 所示。

表 3-2　　　　　　　　　　　Total$EcIo$ 指标

总采样点数	TotalEcIo							
	＜−14.00（百分比）	[−14.00, −12.00)（百分比）	[−12.00, −10.00)（百分比）	[−10.00, −8.00)（百分比）	≥−8.00（百分比）	EcIo≥−11dB 的比例	EcIo 连续 ≤−14dB 超过 10s 的时间段比例	EcIo 连续 ≥−8dB 超过 10s 的时间段比例
主被叫	主被叫	主被叫	主被叫	主被叫	主被叫	主被叫	主被叫, 主被叫满足条件的时长除以总时长	主被叫, 主被叫满足条件的时长除以总时长

（2）TotalRSCP 指标

TotalRSCP 指标要求如表 3-3 所示。

表 3-3　　　　　　　　　　　TotalRSCP 指标

总采样点数	TotalRSCP							
	≤−105.00（百分比）	[−100.00, −105.00)（百分比）	[−90.00, −100.00)（百分比）	[−90.00, −85.00)（百分比）	[−85.00, −80.00)（百分比）	≥−80.00（百分比）	RSCP 连续 ≤−90dBm 超过 10s 的时间段比例	RSCP 连续 ≥−80dBm 超过 10s 的时间段比例
主被叫	主被叫	主被叫	主被叫	主被叫	主被叫	主被叫	主被叫, 主被叫满足条件的时长除以总时长	主被叫, 主被叫满足条件的时长除以总时长

（3）RxPower 指标

RxPower 指标要求如表 3-4 所示。

表 3-4　　　　　　　　　　　　　　RxPower 指标

总采样点数	RxPower						
	<−90.00（百分比）	[−90.00,−85.00)（百分比）	[−85.00,−80.00)（百分比）	[−80.00,−75.00)（百分比）	≥−75.00（百分比）	RxPower 连续≤−90dBm 超过 10s 的时间段比例	RxPower 连续 ≥−75dBm 超过 10s 的时间段比例
主被叫	主被叫	主被叫	主被叫	主被叫	主被叫	主被叫，主被叫满足条件的时长除以总时长	主被叫，主被叫满足条件的时长除以总时长

（4）TxPower 指标

TxPower 指标要求如表 3-5 所示。

表 3-5　　　　　　　　　　　　　　TxPower 指标

总采样点数	TxPower							
	<−15.00（百分比）	[−15.00,0.00)（百分比）	[0.00,10.00)（百分比）	[10.00,20.00)（百分比）	≥20.00（百分比）	TxPower 连续≤−15dBm 超过 10s 的时间段比例	TxPower 连续 ≥20dBm 超过 10s 的时间段比例	RSCP≥−80dBm&TxPower≤−10dBm 的采样点占 RSCP≥−80dBm 采样点的比例
主被叫	主被叫	主被叫	主被叫	主被叫	主被叫	主被叫，主被叫满足条件的时长除以总时长	主被叫，主被叫满足条件的时长除以总时长	

（5）BLER 指标

BLER 指标要求如表 3-6 所示。

表 3-6　　　　　　　　　　　　　　BLER 指标

总采样点数	BLER					
	[0,1)（百分比）	[1,2)（百分比）	[2,3)（百分比）	[3,100]（百分比）	BLER 连续≤1% 超过 10s 的时间段比例	BLER 连续≥3% 超过 10s 的时间段比例
主被叫	主被叫	主被叫	主被叫	主被叫	主被叫，主被叫满足条件的时长除以总时长	主被叫，主被叫满足条件的时长除以总时长

（6）ActiveSet 指标

ActiveSet 指标要求如表 3-7 所示。

表 3-7　　　　　　　　　　　　　　ActiveSet 指标

总采样点数	ActiveSet					
	1（%）	2（%）	3（%）	4（%）	5（%）	6（%）
主被叫	主被叫	主被叫	主被叫	主被叫	主被叫	主被叫

3.2.3　任务实施

1．测试软件操作

如果要对测试数据进行分析，需要将测试数据导入测试软件中，并将测试地图测试基站导入，才能使接下来的业务分析工作更加直观。下面将以语音测试数据分析为例说明数据分析的软件操作准备，具体步骤如下。

第一步：导入测试数据。测试数据可以通过前台软件分析，也可通过后台软件分析，下面将使用前台测试软件进行导入测试数据介绍。

在导航栏中"Log Files"下面右键点击"UMTS"或双击"UMTS"，如图 3-36 所示。

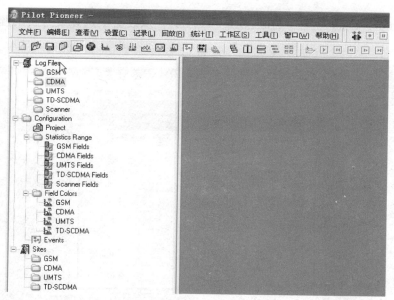

图 3-36　UMTS 窗口

或在菜单窗口中选择"编辑"→"数据"→"导入"，如图 3-37 所示。

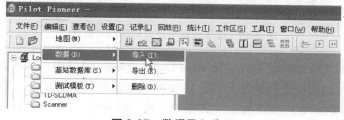

图 3-37　数据导入选项

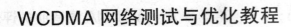

弹出数据导入窗口如图 3-38 所示。

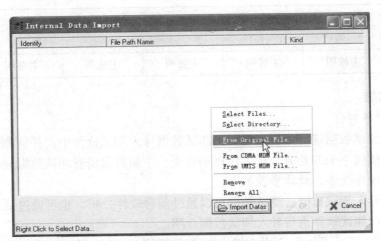

图 3-38　数据导入窗口

点击"Import Datas"→"From Original File",从硬盘中选择要分析的测试数据,如图 3-39 所示。

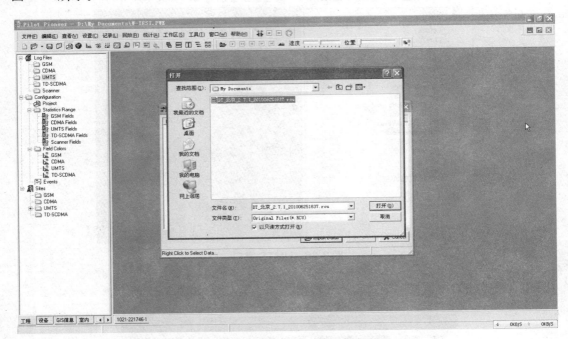

图 3-39　选择硬盘中要分析的测试数据

所选测试数据文件信息显示在"Internal Data Import"窗口中,如图 3-40 所示。

测试数据导入后需要进行解压解码,以便显示测试数据里的参数、事件等。数据解码的操作,可双击导航栏相应测试数据下的窗口名称,如 Map、Events List、Message、Graph、Information 等可对相应测试数据进行解码;也可在菜单栏"统计"菜单下选择主被叫联合报表、评估报表等。可选择多个文件进行解码，同时获得多个相关统计报表。解码过程中屏幕会显示解码进度，如图 3-41 所示。

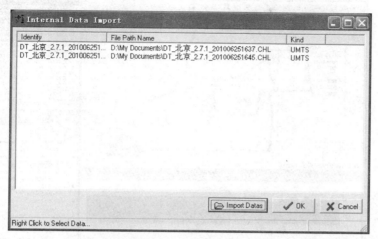

图 3-40　"Internal Data Import"窗口

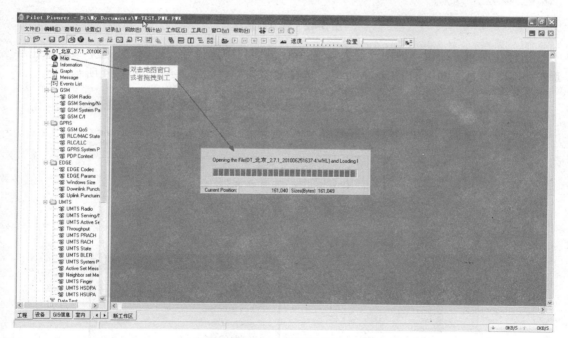

图 3-41　解码进度

当解码进度条消失后即完成解码过程，工作区中将出现刚刚打开的 Map 窗口，依次双击导航栏中的 Events List、Message、Graph 等窗口，即可看到相应的各窗口信息，如图 3-42 所示。

第二步：导入地图。

地图导入的操作方法，请参见 3.1.3 部分的介绍。

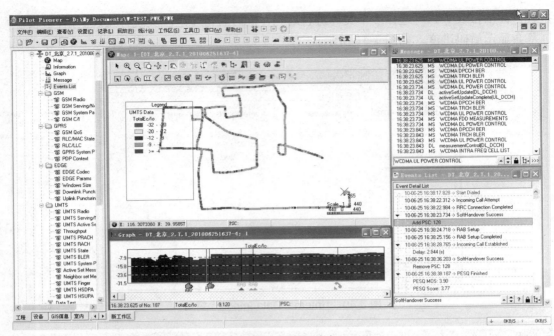

图 3-42　各窗口信息

选择主菜单"编辑→地图→导入"，在弹出的窗口中选择导入地图的类型，或者双击导航栏"GIS 信息"面板的"Geo Maps"，选择地图类型，如图 3-43、图 3-44 所示。

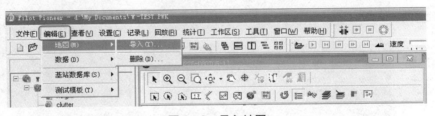

图 3-43　导入地图

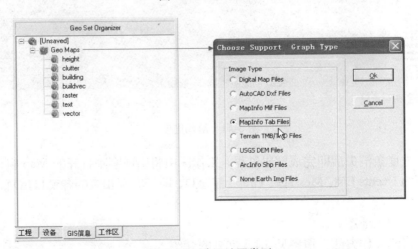

图 3-44　选择地图类型

　　Pioneer 软件支持地图的格式包括：数字地图格式、AutoCAD 的 Dxf 格式、MapInfo 的 Mif 格式、MapInfo 的 Tab 格式、Terrain 的 TMB 格式、USGS 的 DEM 格式、ArcInfo 的 Shp 格式和非标准地图格式的 Img 地图图片。

　　在"Image Type"中选择"MapInfo Tab Files"，点击"OK"按钮，找到地图存放路径并选择要导入的地图文件，如图 3-45 所示。

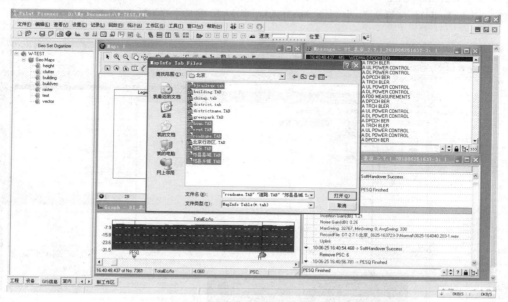

图 3-45　导入的地图文件

　　成功导入地图后，"Geo Maps"下面相应的图层类型前会出现"+"，展开"+"可以查看各个图层信息，如图 3-46 所示。

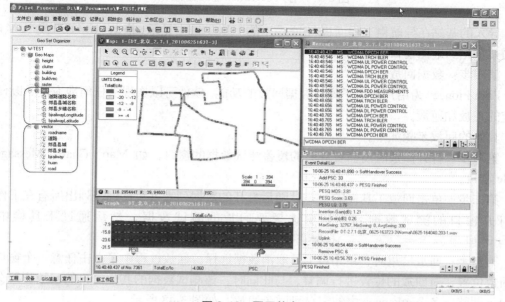

图 3-46　图层信息

选中单个图层名或者图层类型名称，如"vector"，将图层拖曳至地图窗口，即可看到地图信息。

第三步：导入基站。

基站导入的操作方法，请参见 3.1.3 部分的介绍。

双击导航栏工程里"Sites"下面的"UMTS"或者右键选择"导入"或者通过主菜单"编辑→基站数据库→导入"来导入 WCDMA 基站数据库，如图 3-47 所示。

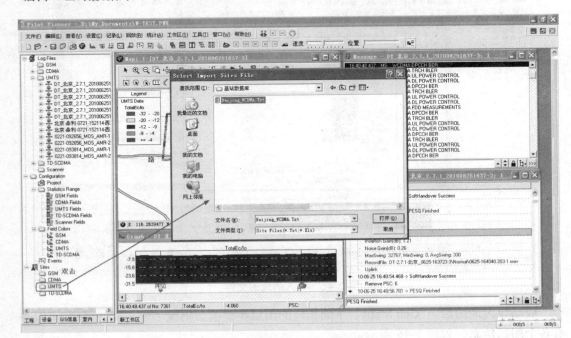

图 3-47　导入 WCDMA 基站数据库

导入的基站在导航栏工程面板"Sites"下的"UMTS"中显示，拖动"UMTS"或"UMTS"下的某个站到地图窗口即可显示。

第四步：数据回放。

Pilot Pioneer 为用户提供了测试数据回放的功能。软件可以实现从任何地方开始以任意速度的正放和逆放。

具体的回放步骤如下。

第一步：打开回放时所需要观察的覆盖测试数据的窗口，如 Map、Chart、Message、Table 窗口。

第二步：单击回放工具栏的，从随后打开的数据列表（数据列表列出所有在工作区中打开窗口的测试数据名称）中选择要回放的测试数据，然后通过工具栏中的，对回放进行控制。

第三步：回放结束时，单击工具取消数据选择。回放过程中可点击任意一个窗口中的回放位置，对回放的位置进行调整。与此同时，该测试数据的其他窗口的回放位置会自动同步调整。各 Workspace 中的窗口可同步回放，如图 3-48 所示。

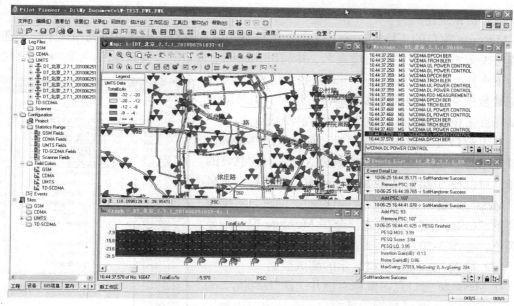

图 3-48　各 Workspace 中的窗口同步回放

2. 语音呼叫测试数据分析

语音数据的分析可以通过多种途径，主要包括信令分析处理、事件分析处理、图表信息处理等。具体步骤如下所示。

第一步：信令分析处理。

（1）信令解码

Message 窗口显示指定测试数据完整的解码信息，可以分析 3 层信息反映的网络问题；自动诊断 3 层信息流程存在的问题并指出问题位置和原因。每个测试数据都有一个 Message窗口，将 Message 窗口直接从导航栏中拖曳到工作区中或双击 "Message"，即可打开该测试数据的 Message 窗口。在 Message 窗口中双击信令名称，则弹出该信令解码窗口，显示信令解码信息，如图 3-49 所示。

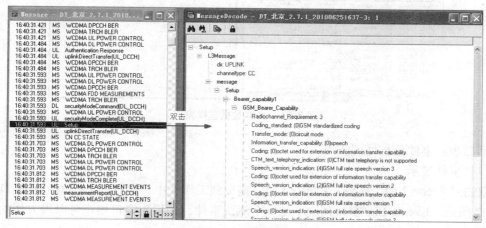

图 3-49　信令解码信息

71

（2）信令过滤

Message 窗口的下拉框显示了当前 3 层信息的信息类型。用户可以利用该下拉框选择或直接输入需要查找的 3 层信息名，并利用 Message 窗口的 按钮框的 ▲ 和 ▼ 按钮向上或向下查找指定的 3 层信息。当查找到该信息类型时，把测试数据的当前测试点移动到相应位置。也可以利用鼠标点击任意测试点，使之成为当前测试点。

点击窗口右下角处的 按钮，可以激活 Message 窗口显示的 3 层信息详细内容列表。通过对信息类的选择，可以使 3 层信息在 Message 窗口中进行分类显示（Message 窗口显示已勾选的信令）。同时，右键激活菜单"Color"可设置被选信令在 Message 窗口的显示颜色，如图 3-50 所示。

（3）修改 Message 窗口显示的测试数据

在 Message 窗口点击鼠标右键并选择"Display Log Data"，可以弹出测试数据选择窗口。在该窗口中列出当前工程中的所有测试数据名称，并按网络类型进行分类，如图 3-51 所示。选择要显示的测试数据并点击"OK"按钮，则 Message 窗口中所显示的测试数据被修改为该测试数据内容。

图 3-50　Message 窗口

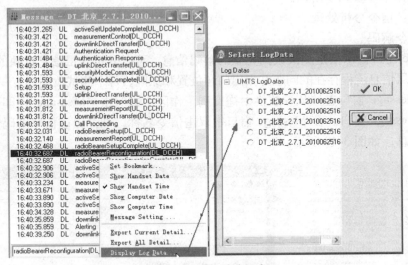

图 3-51　测试数据选择窗口

第二步：事件分析处理。

（1）事件显示

双击"Events List"或将"Events List"拖曳到工作区中，即打开 Events List 窗口，如图 3-52 所示。Events List 窗口列出了每一个测试事件，利用此窗口用户可以很方便的定位问题点。

（2）事件查询

用户可以利用该下拉框选择或直接输入事件名称，并利用 Events List 窗口的 ⬍ 按钮框的 ▲ 和 ▼ 按钮向上或向下查找指定的事件，当查找到该信息类型时，把测试数据的当前测试点移动到相应位置。也可以利用鼠标点击任意测试点，使之成为当前测试点。

点击窗口右下角处的 ⬚ 按钮，可以激活 Events List 窗口显示的列表。通过对信息类的选择，可以显示或隐藏 PESQ 测试信息，如图 3-53 所示。

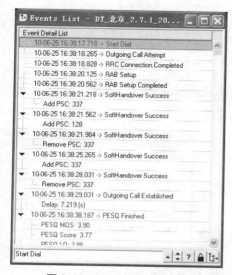

图 3-52　Events List 窗口

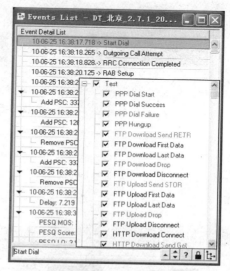

图 3-53　激活 Events 窗口显示的列表

（3）修改 Events 窗口显示的测试数据

在 Events 窗口点击鼠标右键并选择 "Display Log Data"，可以弹出测试数据选择窗口。在该窗口中列出当前工程中的所有测试数据名称，并按网络类型进行分类。选择要显示的测试数据并点击 "OK" 按钮，则 Events 窗口中所显示的测试数据被修改为该测试数据内容。

第三步：图表信息处理。

（1）参数显示

在 Graph 窗口中单击鼠标右键，在弹出菜单中单击 "Field"，则可以选择或取消在 Graph 窗口显示的参数。单击 "Field" 打开 Select Fields 窗口，按住 "Ctrl" 键进行选取，可以选择多个参数，Graph 窗口支持多参数显示。双击 "Select Fields" 窗口上的参数前的色块，可从颜色列表中选择对应参数的显示颜色，如图 3-54 所示。

（2）修改 Graph 窗口显示的测试数据

在 Graph 窗口点击鼠标右键并选择 "Display Log Data"，可以弹出测试数据选择窗口。在该窗口中列出当前工程中的所有测试数据名称，并按网络类型进行分类，如图 3-55 所示。选择要显示的测试数据并点击 "OK" 按钮，则 Graph 窗口中显示的测试数据被修改为该测试数据内容。

第四步：Information 信息处理。

Information 窗口显示了针对当前测试点的多个关联信息以及基站信息，如图 3-56 所示。

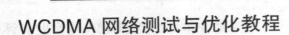

双击导航栏中测试数据的"Information"或将"Information"拖曳到工作区中，会打开一个
该测试数据的 Information 窗口。

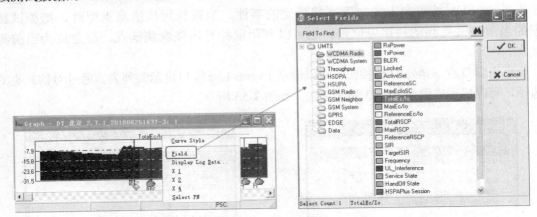

图 3-54　Graph 窗口

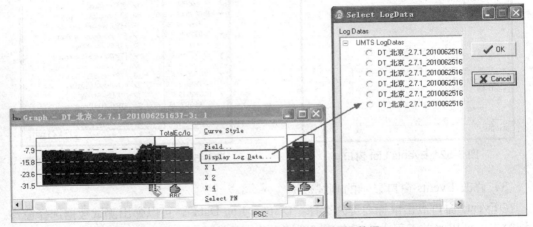

图 3-55　修改 Graph 窗口显示的测试数据

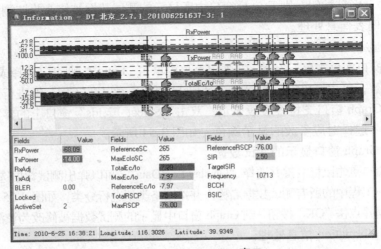

图 3-56　Information 窗口

Information 窗口的操作方法同 Graph 窗口的操作方法类似。通过右键单击 Information 的上方波形窗口，弹出如图 3-57 所示的操作菜单。通过 Field 来改变 Information 窗口的显示参数；通过 DisplayLog Data 来改变 Information 窗口的测试数据。

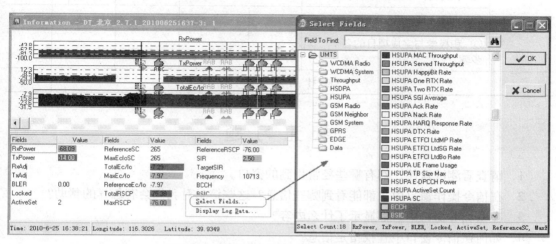

图 3-57　改变 Information 窗口的测试数据

3.2.4　任务评价

评价项目	项目评价的内容	分值	自我评价	小组评价	教师评价	得分
理论知识	① 了解 3G 语音业务的性能指标	5				
	② 熟悉 3G 语音业务的数据规范	5				
	③ 掌握语音业务测试数据的回放操作方法	10				
	④ 掌握对语音业务测试数据的分析方法	10				
实操技能	① 能对语音业务测试数据进行导入和回放	10				
	② 能对语音业务测试数据进行分析操作	10				
	③ 能检查测试数据是否正确导入	10				
	④ 能检查数据分析的结果是否正确输出	5				
	⑤ 能处理数据分析得到的各种图表	5				
安全文明生产	① 安全、文明操作	5				
	② 有无违纪与违规现象	5				
	③ 良好的职业操守	5				

续表

评价项目	项目评价的内容	分值	自我评价	小组评价	教师评价	得分
学习态度	① 不迟到、不缺课、不早退	5				
	② 学习认真，责任心强	5				
	③ 积极参与完成项目的各个步骤	5				
总 计 得 分						

单 元 习 题

1．请查看测试软件，都有哪些经常用到的窗口。

2．在信令操作窗口中，都能看到哪些信息？这些信息对我们会有怎样的帮助？

3．在 Graph 窗口中，都显示了什么内容？

4．如何在信令窗口中查找指定信息？

第 4 单元 WCDMA 视频呼叫业务评估测试

任务 1：视频呼叫测试

4.1.1 任务描述

1. 项目背景

视频业务是 3G 所特有的一个测试项目，在以往的 GSM 网络中并无此项优化测试项目。作为一个新兴的测试项目，视频测试的主要关注点是视频质量（即视频是否清晰流畅），此点需要测试人员在测试过程中实时观察体验，而其他的测试关注点与语音业务大致相同（覆盖等），在本任务单元里将通过实例来学习视频业务评估测试的相关内容。

2. 培养目标

（1）熟悉视频业务测试指标

（2）熟悉视频业务测试规范

（3）掌握测试软件的基本操作

（4）学会对视频业务进行测试操作

3. 实验器材

（1）测试终端

（2）无线网络测试软件

（3）GPS 天线

（4）测试计算机

（5）车载逆变器

4.1.2 相关知识

1. 3G 视频呼叫测试指标

视频业务的测试指标主要有以下几个。

（1）RSCP

RSCP（Received Signal Code Power），接收信号码功率，是在 DPCH、PRACH 或 PUSCH 等物理信道上收到的某一个信号码功率。

（2）Ec/Io

Ec/Io，码片能量/干扰功率密度，是衡量通话质量的重要指标之一。

(3) TXPOWER

TXPOWER，手机发射功率。

(4) BLER

BLER，误块率，是指传输块经过 CRC 校验后的错误概率。

2. 3G 视频呼叫测试规范

由于测试规范并不是一成不变，不同区域的测试规范可能并不相同，以下将以某地的测试规范为例说明视频呼叫测试规范。

(1) 业务测试方法规范

① 测试时段：每天 7:30～19:30 进行，西藏和新疆向后推迟 2h。

② 测试路线：按要求规划测试路线，并尽量均匀覆盖整个城区主要街道，且尽量不重复。覆盖区域测试范围主要包括：城区主干道、商业密集区道路（商业街）、住宅密集区道路、学院密集区道路、机场路、环城路、沿江两岸、城区内主要桥梁、隧道、地铁和城市轻轨等。

③ 测试速度：在城区保持正常行驶速度；在城郊快速路车速应尽量保持在 60～80 km/h，不限制最高车速。

④ 测试设备：使用诺基亚 N85 手机、鼎利路测软件 Pilot Pioneer。

⑤ 测试方法：话音业务测试采用 DT 方式，同一辆车内两部 WCDMA 终端，任意两部手机之间的距离必须≥15 cm，手机的拨叫、接听、挂机都采用自动方式，每次通话时长 180 s，呼叫间隔 45 s，如出现未接通或掉话，应间隔 45 s 进行下一次试呼。

(2) DT 呼叫测试数据记录规范

① DT 测试文件命名必须以"DT_城市名称_xG_测试业务_设备商_测试仪表厂商_测试第三方_测试时间"命名。其中，xG 表示 2G 或 3G，测试时间按测试起始年月日时分，如"DT_北京_3G_视频业务_爱立信_鼎利仪表_华星_200902010930"，并以与文件名相同的命名原则压缩成.RAR 文件。

② 通过锁频测试获取的 DT 测试文件命名必须以"DT_城市名称_xG_测试业务（锁频：xxxxM）_设备商_测试仪表厂商_测试第三方_测试时间"命名。其中，测试时间按测试起始年月日时分，如"DT_北京市_2G_语音业务（锁频：1800M）_爱立信_鼎利仪表_华星_200902010930"，以与文件名相同的命名原则压缩成.RAR 文件。

(3) CQT 呼叫测试数据记录规范

① 3G 语音 CQT、2G 语音 CQT 需要手工测试，手工填写记录表，记录当天测试点情况以及其他需人工记录的信息。

② 每个城市 CQT 测试记录命名格式如下："CQT_城市名称_xG_测试业务_设备商_测试仪表厂商_测试第三方"，如"CQT_北京_3G_语音业务_爱立信_手工测试_华星"，并以与文件名相同的命名原则压缩成.RAR 文件。

③ 3G VP CQT 和 3G 数据业务 CQT 测试采用自动拨测。测试文件命名必须以"CQT_城市名称_3G_测试业务_设备商_测试仪表厂商_测试第三方_测试时间"命名，测试时间按测试起始年月日时分，如"CQT_北京_3G_VP 业务_爱立信_鼎利仪表_华星_200902010930"，并以与文件名相同的命名原则压缩成.RAR 文件。

4.1.3　任务实施

1. 测试软件操作

一般在测试过程之前，将手动创建测试工程，对测试进行简单设置，下次测试时，只要将保存的测试工程打开后即可进行测试任务。对于使用相同设备的不同的测试任务，只有测试任务模板不同而已。

⚠ **注意**

对于同一个测试工程要保证测试系统的硬件连接与创建测试工程时的硬件连接一致，保证设备与计算机的通信端口未发生改变，否则在软件中连接硬件设备将发生失败。

创建测试工程步骤如下所示。

第一步：运行软件，创建测试工程。

第二步：设置"创建新工程"数据保存路径及主要工程参数。

第三步：设置"Reference"高级参数选项，"Reference Option"窗口提供了 3 个设置窗口，第一个为"General"，第二个为"InLogging"，第三个为"TCP/IP Setting"。

第四步：设置完成。点击"OK"按钮后软件设置完成。

第五步：设备连接。

在配置设备之前，请确保各个硬件设备的驱动已经正确安装，并且各个需要使用的硬件设备已经连接到计算机的正确端口上。右键单击"我的电脑"，选择"管理"→"设备管理器"中的"Modem"和"端口"查看各设备是否显示正常，且没有端口冲突。

先插上一个测试终端设备，本例中使用的终端设备是 Nokia N85 测试手机。此时可以看出，计算机监测到的调制解调器为"Nokia N85 USB Modem"及其使用的端口号信息。

在软件左侧导航栏中选择"设备"项中的"Devices"双击（或在软件菜单中选择"设置"→"设备"，对测试设备进行配置。

如果测试中需要 GPS（一般 DT 需要 GPS 来得出测试轨迹），则在"Device Type"→"GPS"中选择"NMEA 0183"，在后面的"Trace Port"中选择"GPS"的端口（GPS 设备不需要配置"Modem Port)。

在"Test Device Configure"窗口下方找到并单击"Append"，可以新增加一个设备。

在下拉菜单中选择 Handset（手机），在"Device Model"中选择手机类型（如本文中选择的"Nokia N85"）。

再在"System Ports Info"中查看手机的"Ports"口和"Modem"端口，配置手机相应的端口。

在"Test Device Configure"中配置手机的"Trace Port"和"Modem Port"端口。

如果有第二部、第三部手机，分别按照上面的操作配置各个手机端口。在有多个手机需要连接的情况下，要一部一部手机插到计算机上，插上一个手机配置一个手机的端口。这样可以避免手机太多而端口混乱，配置出错的情况。

第六步：保存工程配置。

在经过以上各个设置之后，最好对以上的配置做一保存，以方便以后调用本次配置。前面所有设置（含测试设备配置、测试模板信息、MOS 相关设置信息等）都将随工程文件保存。

弹出窗口中要求选择保存路径和输入文件名称，应将文件保存在默认路径下，文件的

后缀名为 ".PWK"。该文件中会保存前期所有的配置，如果今后有相同的测试任务，即可打开该工程，而不必对之前所做过程做重复工作。

2. 视频呼叫测试操作

打开上述创建的测试工程，方法为通过"文件→打开测试工程"，找到创建的测试工程。打开之后的主要工作是导入此次测试任务的区域地图及基站，并为此次测试任务创建语音测试任务模板。具体步骤如下。

第一步：导入地图。

地图导入的操作方法，请参见 3.1.3 部分的介绍。

选择主菜单"编辑→地图→导入"，在弹出的窗口中选择导入地图的类型，如图 4-1 所示。

图 4-1　导入地图

或者双击导航栏"GIS 信息"面板的"Geo Maps"，选择地图类型。

Pioneer 软件支持地图的格式包括：数字地图格式、AutoCAD 的 Dxf 格式、MapInfo 的 Mif 格式、MapInfo 的 Tab 格式、Terrain 的 TMB 格式、USGS 的 DEM 格式、ArcInfo 的 Shp 格式和非标准地图格式的 Img 地图图片。

选择"MapInfo Tab Files"，点击"OK"按钮，到"我的电脑"目录中找到地图存放路径并选择要导入的地图层，如图 4-2 所示。

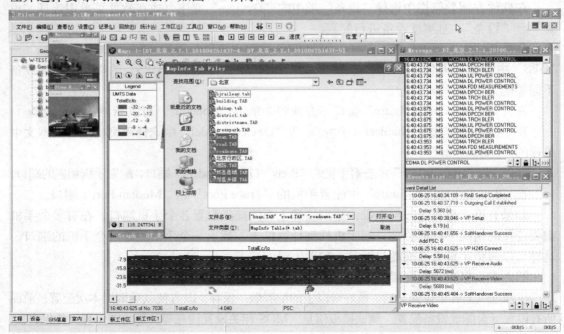

图 4-2　选择 MapInfo Tab Files

成功导入地图后，Geo Maps 下面相应的图层类型前会出现"+"，展开"+"可以查看各个图层信息，如图 4-3 所示。

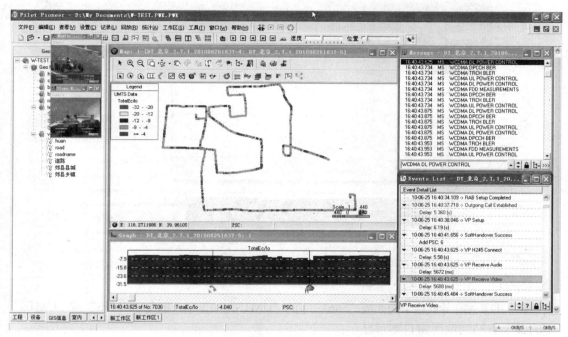

图 4-3 图层信息

选中图层类型名称如"vector"或单个图层名将图层拖曳至地图窗口，即可看到地图信息。

第二步：导入基站。

基站导入的操作方法，请参见 3.1.3 部分的介绍。

双击导航栏工程里"Sites"下面的"UMTS"或者右键选择"导入"或者通过主菜单"编辑→基站数据库→导入"来导入 WCDMA 基站数据库，如图 4-4 所示。

Pioneer 软件对 WCDMA 的基站数据库格式是要求是*.txt 格式的文本文件，数据库必须包括的数据项如表 4-1 所示（列的顺序没有要求，但每个字段名称严格要求一致）。

表 4-1 WCDMA 的基站数据库格式

SITE NAME	基 站 名 称
CELL NAME	小区名称
LONGITUDE	基站的中央子午线经度
LATITUDE	基站的中央子午线纬度
PSC	主绕码
LAC	所属位置区
CELL ID	小区 ID
AZIMUTH	天线方位角

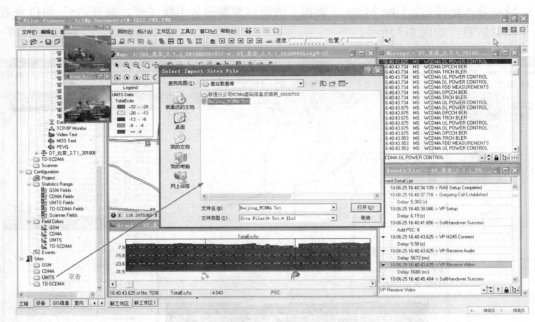

图 4-4　导入 WCDMA 基站数据库

　　导入的基站在导航栏工程面板"Sites"下的"UMTS"中显示，拖曳"UMTS"或"UMTS"下的某个基站到地图窗口即可显示。

　　第三步：创建业务测试模板。

　　在软件菜单栏上的"设置"菜单下选择"测试模板"或双击导航栏"设备"中的"Templates"，如图 4-5 所示。

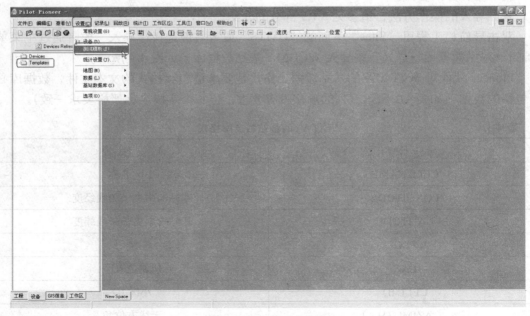

图 4-5　创建测试模板

在弹出的"Template Maintenance"窗口选择"New"按钮，并在"Input Dialog"窗口中输入新建模板的名字之后点击"OK"按钮。建议模板名字用测试业务名字详细命名，这样便于对以后建立更多的模板进行区分，如图 4-6 所示。

在弹出的"Template Configuration：[VP]"窗口中选择"New Video Telephony"，点击"OK"按钮继续，如图 4-7 所示。

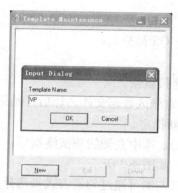

图 4-6　给测试模板命名

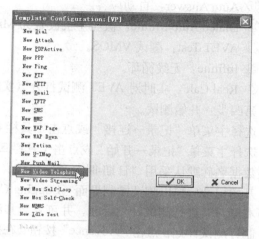

图 4-7　选择测试类型

在下面模板中分别做好设置之后点击"OK"按钮即可，如图 4-8 所示。

VP 测试配置模板参数说明如下。

① Phone Numbers：被叫手机号码。

② Baud Rate：测试手机的 Trance 端口通信速率，默认为 115200。

③ Duration（s）：通话时长。

④ Interval（s）：两次视频通话间的时间间隔。

⑤ Times：测试次数。

⑥ Connect Time（s）：连接时长，这里指无线接通连接时长。

⑦ H.245 Timeout（s）：H245 协调超时时长。

⑧ Setup Timeout（ms）：视频建立超时时长。

⑨ Sample Interval（ms）：视频文件按照模拟摄像头的采样间隔（采样频率）。

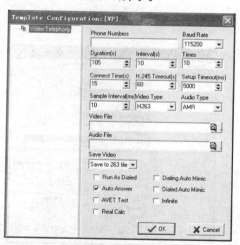

图 4-8　配置 VP 测试模板参数

⑩ Video Type：视频文件类型，默认选择 H263 格式。

⑪ Audio Type：音频文件类型，默认选择 AMR 格式。

⑫ Video File：选择视频文件。

⑬ Audio File：选择音频文件。

⑭ Save Video：视频文件存储格式，默认保存格式为 H263 文件格式。

- No Save：不保存视频文件。
- Save to 263 file：视频文件保存为 H263 格式。
- Save to avi file：视频文件保存为 AVI 格式。
⑮ Run As Dialed：设置为被叫模式。
⑯ Dialing Auto Mimic：主叫手机设置为 Mimic 模式。
⑰ Auto Answer：自动应答。
⑱ Dialed Auto Mimic：被叫手机设置为 Mimic 模式。
⑲ AVET Test：测试 VMOS。
⑳ Infinite：无线循环。
㉑ Real Calc：实时对 AVET 测试打分（实时给出 VMOS 得分）。

第四步：开始测试。

选择主菜单"记录→连接"或点击工具栏 ⁑ 按钮，连接设备。

选择主菜单"记录→开始"或点击工具栏 ▣ 按钮，指定测试数据文件名称后开始记录；测试数据名称默认采用"日期-时分秒"格式，用户可重新指定。

开始记录后弹出测试控制界面（Logging Control Win）；选中左侧的测试终端后，可从窗口右侧对其进行测试计划管理，并可查看其测试状态，如图 4-9 所示。

制订测试计划：点击"Advance"按钮，在弹出的窗口左侧可通过勾选方式来选择要执行的测试计划，如图 4-10 所示（图 4-10 中的路径不是存储路径，而是视频样本和音频样本所在路径，一般是软件安装目录）。

图 4-9　测试控制界面

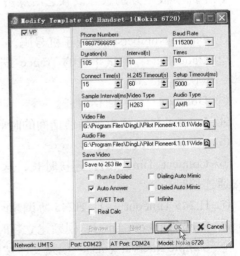

图 4-10　选择要执行的测试计划

执行测试计划：点击"Logging Control Win"窗口中间的"Start"按钮，让选中的手机执行测试计划，之后软件会自动弹出 2 个 DOS 窗口来配合指示，借助此 DOS 窗口可以看到视频呼叫的部分协议，如图 4-11 所示。

显示测试信息：双击或将导航栏工程面板中当前测试数据名下的相应窗口拖入工作区，即可分类显示相关测试信息，如图 4-12 所示。

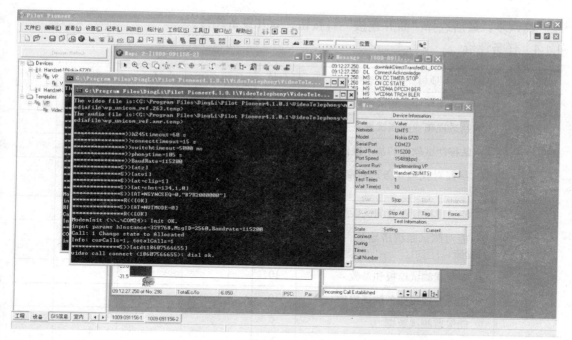

图 4-11 DOS 窗口

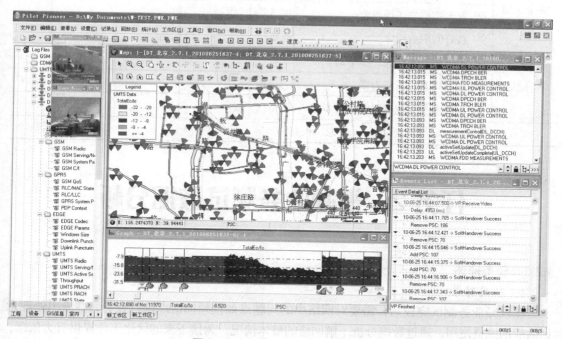

图 4-12 分类显示相关测试信息

第五步：结束测试。

等待测试结束后，点击 "Logging Control Win" 窗口中的 "Stop" 按钮终止对测试计划的调用；或者点击工具栏上的 ⊙ 按钮，再点击 "Stop" 按钮停止测试。

停止测试后 Log 文件还在继续记录 Log，需要点击 □ 按钮停止记录 Log 文件。

第六步：最后选择"断开连接" 按钮，断开设备连接。

4.1.4 任务评价

评价项目	项目评价的内容	分值	自我评价	小组评价	教师评价	得分
理论知识	① 熟悉视频业务测试指标	5				
	② 熟悉视频业务测试规范	5				
	③ 掌握测试软件的基本操作方法	10				
	④ 掌握对视频业务进行测试操作方法	10				
实操技能	① 能组建视频业务测试系统	10				
	② 能对测试系统搭建是否正确进行检查	5				
	③ 能配置测试模板和参数	10				
	④ 能进行视频业务测试操作	10				
	⑤ 能保留测试数据	5				
安全文明生产	① 安全、文明操作	5				
	② 有无违纪与违规现象	5				
	③ 良好的职业操守	5				
学习态度	① 不迟到、不缺课、不早退	5				
	② 学习认真，责任心强	5				
	③ 积极参与完成项目的各个步骤	5				
总 计 得 分						

任务 2：视频业务测试数据分析

4.2.1 任务描述

1. 项目背景

在视频业务测试完成后，需要对网络中的问题点如视频掉话点进行查看，并给出处理意见供后期调整使用。通过数据分析了解网络的整体情况，为接下来的优化工作提供有力依据。

2. 培养目标

(1) 了解 3G 视频业务的性能指标

(2) 熟悉 3G 视频业务的数据规范

(3) 掌握视频业务测试数据的回放操作

(4) 学会对视频业务测试数据的分析

3．实验器材

（1）无线网络测试软件

（2）测试计算机

4.2.2　相关知识

1．3G 视频业务性能指标

语音业务性能指标主要有以下几个。

（1）−90dBm 覆盖率

$$-90\text{dBm 覆盖率} = （\text{TotalRSCP} \geqslant -90\text{dBm\&Total}Ec/Io \geqslant -12\text{dB}）\text{的采样点数/采样点总数} \times 100\%$$

> 📖 **说明**
>
> 采样点数取主、被叫手机的采样样本点数之和。

（2）−85dBm 覆盖率

$$-85\text{dBm 覆盖率} = (\text{TotalRSCP} \geqslant -85\text{dBm\&Total}Ec/Io \geqslant -10\text{dB})\text{的采样点数/采样点总数} \times 100\%$$

> 📖 **说明**
>
> 采样点数取主、被叫手机的采样样本点数之和。

（3）RRC 建立成功率

RRC 建立成功率=RRC 成功次数/RRC 请求次数×100%

① RRC 请求次数：UE 发送 rrcConnectionRequest 信令，其原因值为 Originating CoversationalCall，或 terminatingConversationalCall、流类、背景类、交互类计为一次试呼，重发多次只计算一次。

② RRC 成功次数：RRC 请求后，UE 发出 RRC Connection Setup Complete。

（4）RAB 建立成功率

RAB 成功次数/RAB 请求次数×100%

① RAB 请求次数：UE 收到 Radio Bearer Setup。

② RAB 成功次数：UE 发出 Radio Bearer Setup Complete。

（5）视频接通率

视频接通率=视频接入成功次数/视频起呼次数×100%

① 视频接入成功次数：发起视频接入尝试之后，以 UE 收到第一个视频帧（鼎利：Video Telephony Receive Video，日讯：VP First Video Frame Arrived）算为视频接入成功。

② 视频起呼次数：发起视频拨打命令后，以 UE 发送 rrcConnectionRequest 信令，其原因码为 OriginatingCoversationalCall 计为一次试呼，rrcConnectionRequest 重发多次只计算一次。

（6）视频呼叫掉话率

$$\text{掉话率} = \text{掉话次数/视频接入成功次数} \times 100\%$$

① 掉话次数：视频接入成功后，未收到或发出 Disconnect/ Release/Release complete 信令（原因值正常），手机返回 Idle，则视为一次掉话。

② 视频接入成功次数：当一次试呼开始后出现 Connect 或 Connect Ack 消息就计一次呼叫接入成功。

2. 3G 视频业务数据规范

网络优化分析需求根据不同的业务需求查看不同的性能指标，主要查看的性能指标如表 4-2～表 4-7 所示，每次业务测试都需要根据实际情况填写下述列表。

（1）TotalEcIo 指标

TotalEcIo 具体指标要求如表 4-2 所示。

表 4-2　　　　　　　　　　　　　　TotalEcIo 指标

TotalEcIo								
总采样点数	<−14.00（百分比）	[−14.00，−12.00）（百分比）	[−12.00，−10.00]（百分比）	[−10.00，−8.00]（百分比）	≥−8.00（百分比）	EcIo≥−11dB 的比例	EcIo 连续≤−14dB 超过 10s 的时间段比例	EcIo 连续≥−8dB 超过 10s 的时间段比例
主被叫	主被叫	主被叫	主被叫	主被叫	主被叫	主被叫	主被叫，主被叫满足条件的时长除以总时长	主被叫，主被叫满足条件的时长除以总时长

（2）TotalRSCP 指标

TotalRSCP 具体指标要求如表 4-3 所示。

表 4-3　　　　　　　　　　　　　　TotalRSCP 指标

TotalRSCP							
总采样点数	<−105.00（百分比）	[−100.00，−105.00）（百分比）	[−90.00，−100.00]（百分比）	[−90.00，−85.00]（百分比）	[−85.00，−80.00]（百分比）	≥−80.00（百分比）	RSCP 连续≤−90 dBm 超过 10 s 的时间段比例	RSCP 连续≥−80 dBm 超过 10s 的时间段比例
主被叫	主被叫	主被叫	主被叫	主被叫	主被叫	主被叫	主被叫，主被叫满足条件的时长除以总时长	主被叫，主被叫满足条件的时长除以总时长

（3）RxPower 指标

RxPower 具体指标要求如表 4-4 所示。

表 4-4　　　　　　　　　　　　　　RxPower 指标

RxPower							
总采样点数	<−90.00（百分比）	[−90.00，−85.00]（百分比）	[−85.00，−80.00]（百分比）	[−80.00，−75.00]（百分比）	≥−75.00（百分比）	RxPower 连续≤−90 dBm 超过 10 s 的时间段比例	RxPower 连续≥−75 dBm 超过 10 s 的时间段比例
主被叫	主被叫	主被叫	主被叫	主被叫	主被叫	主被叫，主被叫满足条件的时长除以总时长	主被叫，主被叫满足条件的时长除以总时长

（4）TxPower 指标

TxPower 具体指标要求如表 4-5 所示。

表 4-5   TxPower 指标

总采样点数	TxPower							
	<-15.00（百分比）	[-15.00, 0.00]（百分比）	[0.00, 10.00]（百分比）	[10.00, 20.00]（百分比）	≥20.00（百分比）	TxPower 连续 ≤-15 dBm 超过 10 s 的时间段比例	TxPower 连续 ≥20 dBm 超过 10 s 的时间段比例	RSCP≥-80dBm&TxPower≤-10dBm 的采样点占 RSCP≥-80 dBm 采样点的比例
主被叫	主被叫	主被叫	主被叫	主被叫	主被叫	主被叫，主被叫满足条件的时长除以总时长	主被叫，主被叫满足条件的时长除以总时长	

（5）BLER 指标

BLER 具体指标要求如表 4-6 所示。

表 4-6   BLER 指标

总采样点数	BLER					
	[0, 1)（百分比）	[1,2)（百分比）	[2, 3)（百分比）	[3, 100]（百分比）	BLER 连续 ≤1% 超过 10 s 的时间段比例	BLER 连续 ≥3% 超过 10 s 的时间段比例
主被叫	主被叫	主被叫	主被叫	主被叫	主被叫，主被叫满足条件的时长除以总时长	主被叫，主被叫满足条件的时长除以总时长

（6）ActiveSet 指标

ActiveSet 具体指标要求如表 4-7 所示。

表 4-7   ActiveSet 指标

总采样点数	ActiveSet					
	1 (%)	2 (%)	3 (%)	4 (%)	5 (%)	6 (%)
主被叫	主被叫	主被叫	主被叫	主被叫	主被叫	主被叫

4.2.3 任务实施

1. 分析软件操作

如果要对测试数据进行分析，可以使用前台软件，也可以使用后台软件。在本例中将使用后台软件为例说明软件的操作过程。

同前台软件一样，分析数据需要被导入分析软件中，并将测试地图测试基站导入，才能使接下来的业务分析工作更加直观，下面将以视频测试数据分析为例说明数据分析软件操作准备，具体步骤如下。

第一步：导入数据。

测试数据导入可以通过在 Navigator 软件"文件"菜单的中打开数据文件，或者导航栏的"DownLink Data Files"上右键打开测试数据，如图 4-13 所示。

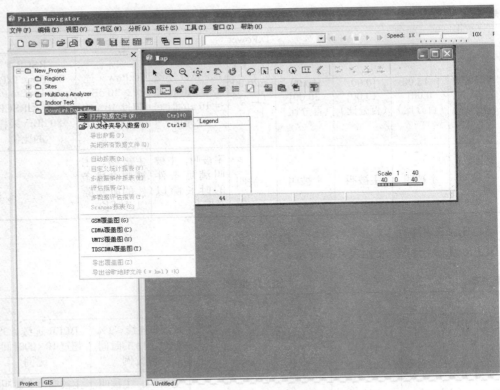

图 4-13 打开测试数据

弹出数据导入窗口，并选择数据存储路径，在硬盘中选择要分析的测试数据。如图 4-14 所示。

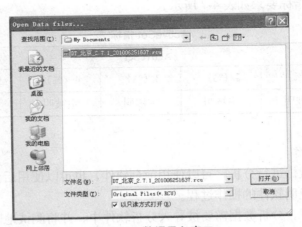

图 4-14 数据导入窗口

测试数据导入后需要进行解压解码，以便显示测试数据里的参数、事件等。数据解码的操作，可双击导航栏相应测试数据下的窗口名称，如信令窗口、事件窗口等可完成对相应测试数据进行解码；也可在菜单栏"统计"菜单下选择主被叫联合报表、评估报表等。可选择多个文件进行解码，同时获得多个相关统计报表。

当解码进度条消失后即完成解码过程，工作区中将出现刚刚打开的"Message"窗口，如图 4-15 所示。

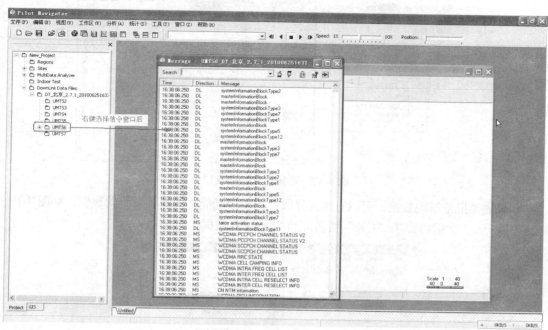

图 4-15　"Message"窗口

拖曳参数可以在地图窗口显示，如图 4-16 所示。

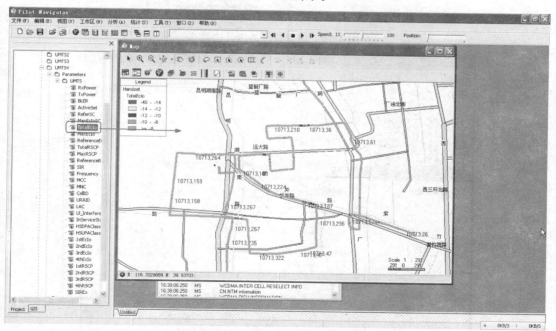

图 4-16　拖曳参数在地图窗口显示

导航栏中，数据端口下的各个参数上，右键可以选择：地图窗口、表窗口、曲线窗口和图表窗口，如图 4-17 所示。

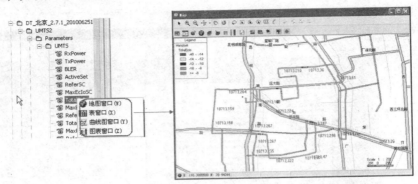

图 4-17　右键选择地图窗口

　　如果需要批量解码数据，可以直接选择软件的统计功能，选择要解码的数据，如图 4-18、图 4-19 所示。之后再点击"OK"按钮即可批量解码数据。

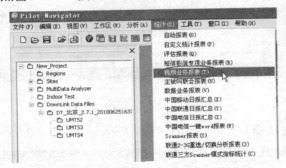

图 4-18　选择软件的统计功能

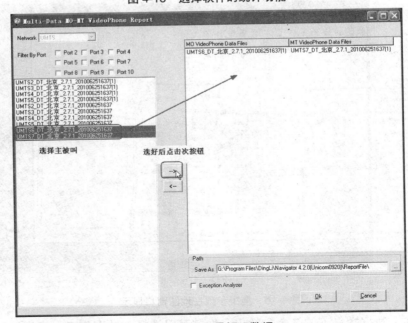

图 4-19　批量解码数据

统计报表解码完成后，软件会生成视频测试的业务报表，即一个 Excel 文件。其中包含的统计表单有视频电话测试指标和视频电话业务详情，如图 4-20、图 4-21 所示。

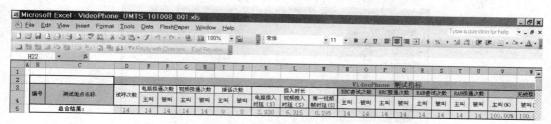

图 4-20　视频电话测试指标

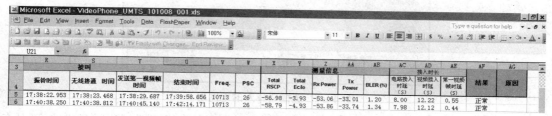

图 4-21　视频电话业务详情

第二步：导入地图。

在软件菜单栏中，选择"编辑"，然后选择"导入地图"，如图 4-22 所示。

图 4-22　导入地图

或者双击导航栏"GIS 信息"面板的"Geo Maps"，选择地图类型，如图 4-23 所示。

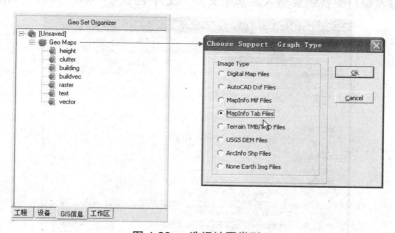

图 4-23　选择地图类型

文件类型选择"MapInfo Tab Files",点击"OK"按钮,到"我的电脑"目录中找到地图存放路径并选择要导入的地图层,如图 4-24 所示。

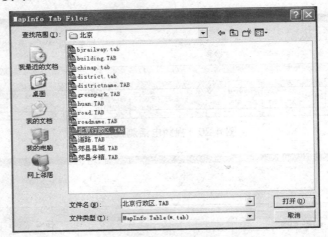

图 4-24 选择要导入的地图层

成功导入地图后,"Geo Maps"下面相应的图层类型前会出现"+",展开"+"可以查看各个图层信息。选中图层类型名称如"vector"或单个图层名将图层拖曳至地图窗口,即可看到地图信息。

第三步:导入基站。

在软件菜单栏中,选择"编辑"下的"导入基站"来导入基站信息,如图 4-25 所示。

图 4-25 导入基站

在文件输入窗口中找到要输入的基站文件,文件类型为"Site Files",如图 4-26 所示。

图 4-26 输入基站文件

导入的基站在导航栏工程面板 "Sites" 下的 "UMTS" 中显示,拖动 "UMTS" 或 "UMTS" 下的某个站到地图窗口即可显示。

第四步:数据回放。

打开回放时所需要观察的覆盖测试数据的窗口,如 Map、Chart、Message、Table 窗口。

单击回放工具栏的 ⬚,从随后打开的数据列表(数据列表列出所有在工作区中打开窗口的测试数据名称)中选择要回放的测试数据,如图 4-27 所示。

图 4-27 选择要回放的测试数据

然后通过工具栏中的 ⬚ ,对回放进行控制。

回放过程中可点击任意一个窗口中的回放位置,对回放的位置进行调整。与此同时,该测试数据的其他窗口的回放位置会自动同步调整。各 Workspace 中的窗口可同步回放。

2. 视频呼叫测试数据分析

视频数据的分析与语音数据分析类似,主要包括信令分析处理、事件分析处理、图表信息处理等。具体步骤如下。

第一步:信令分析处理。

(1)信令解码

Message 窗口显示指定测试数据完整的解码信息,可以分析 3 层信息反映的网络问题,自动诊断 3 层信息流程存在的问题并指出问题位置和原因。每个测试数据都有一个 Message 窗口,将 Message 窗口直接从导航栏中拖曳到工作区中或双击 Message,即可打开该测试数据的 Message 窗口。在 Message 窗口中双击信令名称,则弹出该信令解码窗口,显示信令解码信息,如图 4-28 所示。

(2)信令过滤

Message 窗口的下拉框显示了当前 3 层信息的信息类型。用户可以利用该下拉框选择或直接输入需要查找的 3 层信息名,并利用 Message 窗口的 ⬚、⬚ 按钮向上或向下查找指定的 3 层信息,当查找到第一个该信息类型时,把测试数据的当前测试点移动到相应位置。用户也可以利用鼠标任意点取当前测试点位置。用户也可以利用鼠标点击任意测试点,使之成为当前测试点。

点击窗口右上角处的 ⬚ 按钮,可以激活 Message 窗口显示的 3 层信息详细内容列表。通过对信息类的选择,可以使 3 层信息在 Message 窗口中进行分类显示(Message 窗口显示已勾选的信令)。同时,右键激活菜单 "Color" 可设置被选信令在 Message 窗口的显示颜色,如图 4-29 所示。

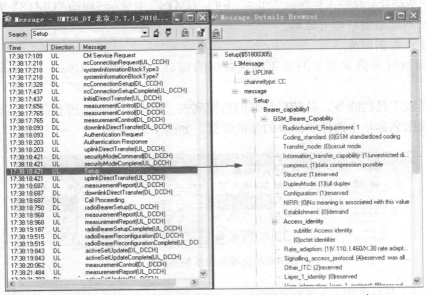

图 4-28　Message 窗口信令解码信息

第二步：事件分析处理。

（1）事件显示

在软件导航栏中，选择相应数据端口号，右键单击选择"事件窗口"，打开 Events List 窗口。Events List 窗口列出了每一个测试事件，利用此窗口用户可以很方便的定位问题点，如图 4-30 所示。

（2）事件查询

用户可以利用该下拉框选择或直接输入事件名称，并利用 Events List 窗口的 、 按钮向上或向下查找指定的事件，当查找到第一个该信息类型时，把测试数据的当前测试点移动到相应位置。用户可以利用鼠标任意点取当前测试点位置。用户也可以利用鼠标点击任意测试点，使之成为当前测试点。

点击窗口右上角处的 按钮，可以激活 Events List 窗口显示的列表。通过对信息类的选择，可以显示或隐藏 PESQ 测试信息。

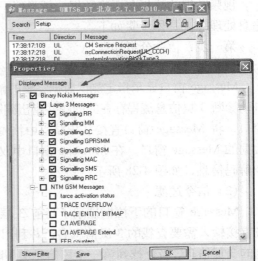

图 4-29　信息在 Message 窗口中进行分类显示

第三步：Graph 窗口处理。

（1）参数显示

在导航栏中的数据端口号下的相应参数上，右键单击，选择"曲线图窗口"来打开 Graph 窗口，如图 4-31 所示。

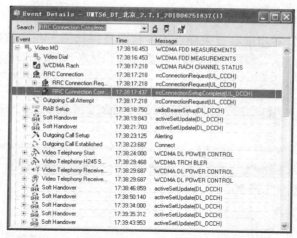

图 4-30　Events List 窗口

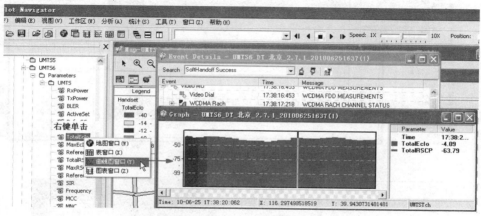

图 4-31　选择"曲线图窗口"

（2）增加 Graph 窗口显示的参数

在软件导航栏中的数据端口号上选择另外的参数，直接拖曳到 Graph 窗口即可实现 Graph 窗口的多参数显示，如图 4-32 所示。

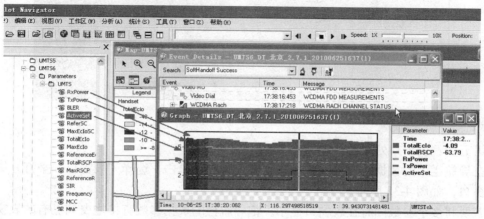

图 4-32　Graph 窗口的多参数显示

第四步：图表窗口处理。

图表窗口显示了针对当前参数采样点的柱状图及饼状图。在导航栏中的数据端口号下的相应参数上，右键单击，选择"图表窗口"即可显示该数据的柱状图或饼状图，如图4-33、图4-34所示。

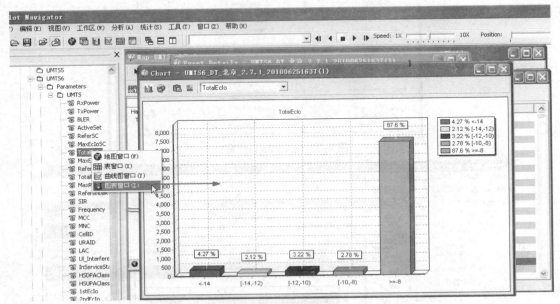

图 4-33　数据的柱状图

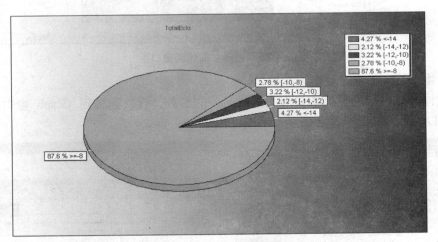

图 4-34　数据的饼状图

第五步：表窗口处理。

在导航栏中的数据端口号下的相应参数上，右键单击，选择"表窗口"来打开该参数的表窗口，如图4-35所示。

若要将多个参数同时在表窗口显示，把导航栏的数据参数直接拖曳到已有的表窗口即可，如图4-36所示。

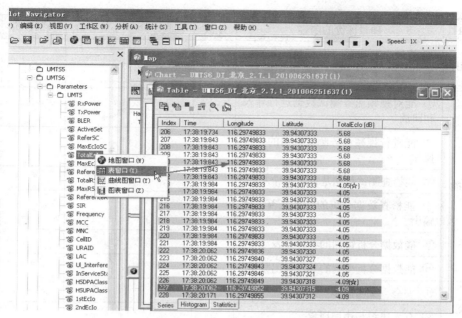

图 4-35　选择"表窗口"

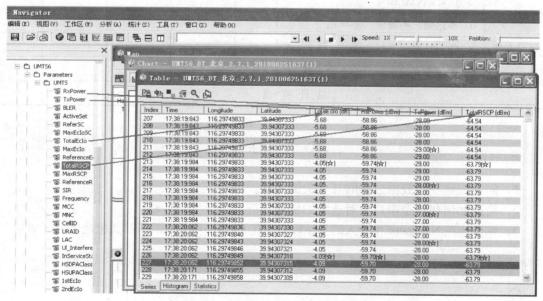

图 4-36　多个参数同时在表窗口显示

4.2.4　任务评价

评价项目	项目评价的内容	分值	自我评价	小组评价	教师评价	得分
理论知识	① 了解 3G 视频业务的性能指标	5				
	② 熟悉 3G 视频业务的数据规范	5				

续表

评价项目	项目评价的内容	分值	自我评价	小组评价	教师评价	得分
理论知识	③ 视频业务测试数据的回放操作方法	10				
	④ 对视频业务测试数据的分析方法	10				
实操技能	① 能对视频业务测试数据进行导入和回放	10				
	② 能进行视频业务测试数据的分析操作	10				
	③ 能检查测试数据是否正确导入	5				
	④ 能检查数据分析的结果是否正确输出	5				
	⑤ 能数据分析得到的各种图表	5				
	⑥ 能数据分析得到的其他输出数据	5				
安全文明生产	① 安全、文明操作	5				
	② 有无违纪与违规现象	5				
	③ 良好的职业操守	5				
学习态度	① 不迟到、不缺课、不早退	5				
	② 学习认真，责任心强	5				
	③ 积极参与完成项目的各个步骤	5				
总 计 得 分						

单 元 习 题

1. 简述视频呼叫数据分析的几个关键步骤。
2. 简述如何在信令窗口中对选定的信息进行解码。
3. 你认为在 Navigator 中导入的基站数据与在 Pioneer 中导入的基站数据是否有区别？

第 5 单元 WCDMA 数据业务评估测试

任务 1：FTP 数据业务测试

5.1.1 任务描述

1. 项目背景

相对于 GPRS 来说，WCDMA 网络的数据业务的速率理论值 14.4Mbit/s，完全能满足人们越来越高的手机上网需求。本小节就 WCDMA 网络的数据业务的优化测试及分析做细致介绍。

2. 培养目标

（1）熟悉 FTP 业务测试指标

（2）熟悉 FTP 业务测试规范

（3）学会对 FTP 业务上传进行测试操作

（4）学会对 FTP 业务下载进行测试操作

3. 实验器材

（1）测试终端

（2）无线网络测试软件

（3）GPS 天线

（4）测试计算机

（5）车载逆变器

5.1.2 相关知识

1. 3G 数据业务测试指标

数据业务的测试指标主要有以下几个。

（1）RSCP

RSCP（Received Signal Code Power），接收信号码功率，是在 DPCH、PRACH 或 PUSCH 等物理信道上收到的某一个信号码功率。

（2）*Ec/Io*

Ec/Io，码片能量/干扰功率密度，是衡量通话质量的重要指标之一。

（3）TXPOWER

TXPOWER，手机发射功率。

（4）BLER

BLER，误块率，是指传输块经过 CRC 校验后的错误概率。

2. 3G 数据业务测试规范

数据业务测试规范如下。

① 测试时段：每天 7:30～19:30 进行，西藏和新疆向后推迟 2h。

② 测试方法：可以单独对 FTP 业务进行测试，也可在话音业务测试同时进行 FTP 上传/下载测试。测试信道申请 PS384K 业务。上传/下载完成或掉线后，间隔 3min 进行下一次尝试。

③ 测试设备：使用诺基亚 N85 手机/华为 E180、鼎利路测软件 Pioneer。

④ DT 测试路线选取：根据各城市 WCDMA 覆盖区域，重点选取城区主干道、商业密集区道路（商业街）、住宅密集区道路、学院密集区道路、机场路、环城路、沿江两岸、城区内主要桥梁、隧道、地铁和城市轻轨等。要求测试路线尽量均匀覆盖整个城区主要街道，并且尽量不重复。

⑤ CQT 测试点选取：CQT 点选取范围包括数据业务高话务区、飞机场候机楼、火车站候车室、会展中心、三星级以上酒店（北京、上海、广州选四星级以上酒店）、重要写字楼、居民小区。要求在每个 CQT 点选取 3 个测试位置进行测试，对于酒店应包括大厅（一楼咖啡厅）、客房、会议室等位置。

⑥ 测试要求：FTP 服务器需具备断点续传功能；每次文件必须完成的下载为一个循环；每次掉线的应用层速率按照实际传送文件大小计算。手机设为自动双模（WCDMA/GSM）。

5.1.3 任务实施

1. FTP 数据业务上传测试

数据上传业务的测试方法与前面介绍的语音及视频测试方法基本相同，其主要区别就在于业务配置模板不同而已。下面先回顾一下测试软件的基本操作步骤。

第一步：运行软件，创建测试工程。

第二步：设置"创建新工程"数据保存路径及主要工程参数。

第三步：连接设备。

确定硬件连接正常。在配置设备之前，请确保各个硬件设备的驱动已经正确安装，并且各个需要使用的硬件设备已经连接到计算机的正确端口上，而且请确保在"我的电脑"右键单击，选择"管理"→"设备管理器"中的"Modem"和"端口"中各设备已经正常显示，且没有端口冲突。

（1）确定测试设备数据端口

先插上一个测试数据设备，确定测试卡的 Trace 口和 Modem 口。此时可以看出，当前数据测试卡的 Trace 和 Modem 口分别为 120、122，如图 5-1 所示。

（2）在 Pilot Pioneer 软件中配置设备

在软件左侧导航栏中选择"设备"项中的"Devices"双击（或在软件菜单中选择"设置"→"设备"，对测试设备进行配置。

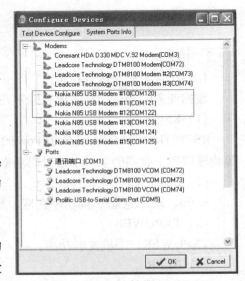

图 5-1 确定测试设备数据端口

（3）配置 GPS

如果测试中需要 GPS（一般 DT 需要 GPS 来得出测试轨迹），则在"Device Type"→"GPS"→中选择"NMEA 0183"，在后面的"Trace Port"中选择"GPS"的端口（GPS 设备不需要配置"Modem Port"）。GPS 的端口信息可以在"Configure Devices"中的"System Ports Info"中查到。

（4）增加配置设备

在"Test Device Configure"窗口下方找到并单击"Append"，可以新增加一个设备。

（5）配置测试手机

在下拉菜单中选择 Handset（手机），在"Device Model"中选择手机类型（如本文中选择的"Nokia N85"）。

再在"System Ports Info"中查看手机的端口。

在"Test Device Configure"中配置手机的"Trace Port"和"Modem Port"端口。

如果有第二部、第三部手机，分别按照上面的操作配置各个手机端口。在有多个手机需要连接的情况下，要一部一部手机插到计算机上，插上一个手机配置一个手机的端口。这样可以避免手机太多而端口混乱，配置出错的情况。

至此测试软件的基本操作已经完成。下面将要对测试相关的操作进行介绍，主要为导入地图及基站配置上传业务模板，开始测试等步骤。由于导入地图及基站等步骤前面已经介绍过，此处不再介绍。

第四步：配置上传业务模板。

（1）创建测试模板

在软件菜单栏上的设置菜单下选择"测试模板"或双击导航栏"设备"中的"Templates"。

在弹出的"Template Maintenance"窗口选择"New"按钮，并在跳出的"Input Dialog"窗口中输入新建模板的名字之后点击"OK"按钮。建议模板名字用测试业务名字详细命名，这样便于对以后建立更多的模板进行区分，如图 5-2 所示。

（2）配置测试业务类型

在弹出的"Template Configuration"窗口中选择"New FTP"并点击"OK"按钮，如图 5-3 所示。

图 5-2 给测试模板命名

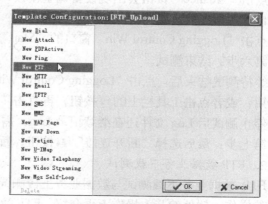

图 5-3 选择测试类型

（3）配置测试业务参数

在下面模板中分别做好设置之后点击"OK"按钮即可，如图 5-4 所示。

第五步：开始测试。

选择主菜单"记录→连接"或点击工具栏 ▦ 按钮，连接设备。

选择主菜单"记录→开始"或点击工具栏 ▣ 按钮，指定测试数据文件名称后开始记录，测试数据名称默认采用"日期-时分秒"格式，用户可重新指定，如图 5-5 所示。

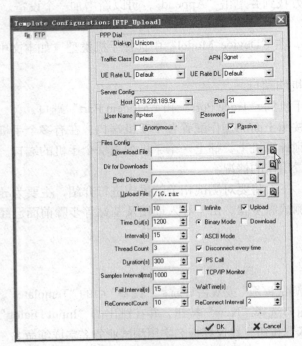

图 5-4　FTP_Upload 模板

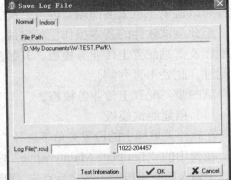

图 5-5　指定测试数据文件

在开始记录 Log 后，软件会自动弹出一个窗口："Logging Control Win"，在此模板中需要做进一步设置才能使软件正常测试。

点击"Adance"按钮会出现设备调整模板，在左侧窗口勾选"FTP_Upload"，调整右侧窗口的各个参数，如图 5-6 所示。

点击"Logging Control Win"窗口的"Start"按钮开始测试。

第六步：结束测试。

等待测试结束后，点击"Logging Control Win"窗口中的"Stop"按钮终止对测试计划的调用；或者点击工具栏上的 ✿ 按钮，再点击"Stop"按钮停止测试。

停止测试后 Log 文件还在继续记录 Log，需要点击 ▣ 按钮停止记录 Log 文件。

第七步：最后选择"断开连接" ▦ 按钮，断开设备连接。

2. FTP 数据业务下载测试

FTP 数据业务下载测试与数据业务上传测试业务过程内容基本相同，下面仅介绍测试相关的操作，软件的基本操作不再介绍。FTP 数据业务下载测试操作步骤如下。

第一步：配置下载业务测试模板。

（1）创建测试模板。

在软件菜单栏上的设置菜单下选择"测试模板"或双击导航栏"设备"中的"Templates"。在弹出的"Template Maintenance"窗口选择"New"按钮，并在跳出的"Input Dialog"窗口中输入新建模板的名字之后点击"OK"按钮。建议模板名字用测试业务名字详细命名，这样便于对以后建立更多的模板进行区分，如图 5-7 所示。

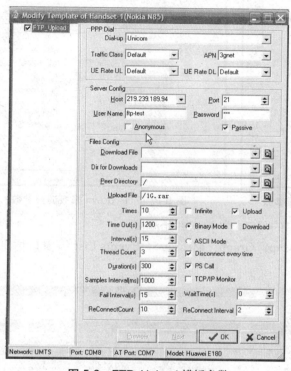

图 5-6　FTP_Upload 模板参数

图 5-7　给测试模板命名

（2）配置测试业务类型

在弹出的"Template Configuration"窗口中选择"New FTP"并点击"OK"按钮。

（3）配置测试业务参数

在下面模板中分别做好设置之后点击"OK"按钮即可，如图 5-8 所示。

第二步：开始测试。

选择主菜单"记录→连接"或点击工具栏 ▓ 按钮，连接设备。

选择主菜单"记录→开始"或点击工具栏 ▣ 按钮，指定测试数据名称后开始记录，测试数据名称默认采用"日期-时分秒"格式，用户可重新指定。

在开始记录 Log 后，软件会自动弹出一个窗口："Logging Control Win"，在此模板中需要做进一步设置才能使软件正常测试。

点击"Adance"按钮会出现设备调整模板，在左侧窗口勾选"FTP_down"，调整右侧窗口的各个参数，如图 5-9 所示。

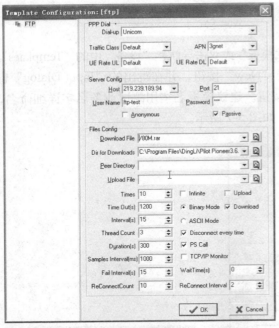 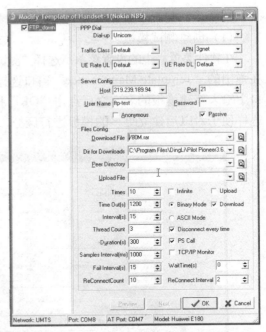

图 5-8　配置 FTP_Download 测试模板参数　　　　图 5-9　FTP_down 模板调整参数

点击 "Logging Control Win" 窗口的 "Start" 按钮开始测试。

测试开始后可以在软件上显示 Map、Graph、Message、Events List 等窗口信息，如图 5-10 所示。

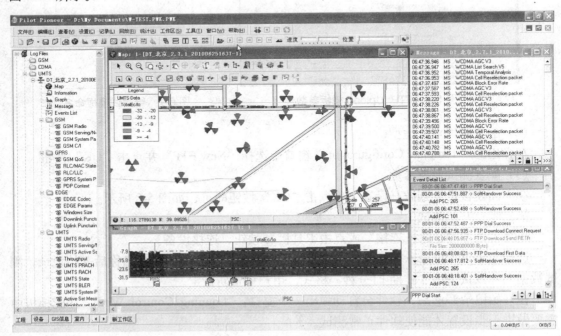

图 5-10　显示各测试窗口信息

可以通过在导航栏中用双击或拖曳的方式打开 "Data Test" 窗口，显示 FTP 下载的速率，如图 5-11 所示。

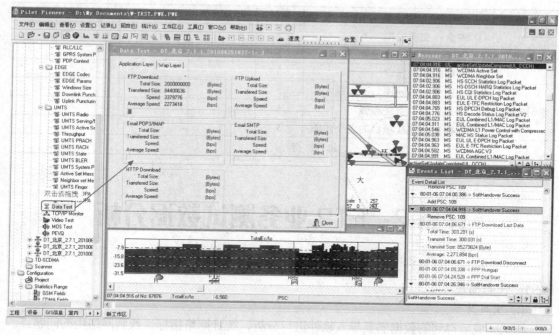

图 5-11 显示 FTP 下载的速率

第三步：结束测试。

等待测试结束后，点击"Logging Control Win"窗口中的"Stop"按钮终止对测试计划的调用；或者点击工具栏上的 按钮，再点击"Stop"按钮停止测试。

停止测试后 Log 文件还在继续记录 Log，需要点击 按钮停止记录 Log 文件。

第四步：最后选择"断开连接" 按钮，断开设备连接。

5.1.4 任务评价

评价项目	项目评价的内容	分值	自我评价	小组评价	教师评价	得分
理论知识	① 熟悉 FTP 业务测试指标	5				
	② 熟悉 FTP 业务测试规范	5				
	③ FTP 业务上传测试操作方法	5				
	④ FTP 业务下载测试操作方法	5				
实操技能	① 能组建 FTP 业务测试系统	5				
	② 能检查测试系统搭建是否正确	5				
	③ FTP 数据业务上传测试操作	10				
	④ FTP 数据业务下载测试操作	10				
	⑤ 上传业务测试模板和配置的参数	5				
	⑥ 下载业务测试模板和配置的参数	5				
	⑦ 会保留测试数据	10				

续表

评价项目	项目评价的内容	分值	自我评价	小组评价	教师评价	得分
安全文明生产	① 安全、文明操作	5				
	② 有无违纪与违规现象	5				
	③ 良好的职业操守	5				
学习态度	① 不迟到、不缺课、不早退	5				
	② 学习认真，责任心强	5				
	③ 积极参与完成项目的各个步骤	5				
总 计 得 分						

任务 2：FTP 业务测试数据分析

5.2.1 任务描述

1. 项目背景

测试完成后得到的数据需要导入软件进行分析，统计网络指标，找到网络中的问题点。下面就 FTP 数据分析的具体过程做具体介绍。

2. 培养目标

（1）了解 FTP 业务的性能指标

（2）熟悉 FTP 业务的数据规范

（3）掌握 FTP 业务测试数据的回放操作

（4）学会对 FTP 业务测试数据的分析

3. 实验器材

（1）无线网络测试软件

（2）测试计算机

5.2.2 相关知识

1. FTP 业务性能指标

（1）RRC 建立成功率

$$RRC 建立成功率 = RRC 成功次数/RRC 请求次数 \times 100\%$$

① RRC 请求次数：UE 发送 rrcConnectionRequest 信令，其原因值为 Originating-CoversationalCall，或 terminatingConversationalCall、流类、背景类、交互类计为一次试呼，重发多次只计算一次。

② RRC 成功次数：RRC 请求后，UE 发出 RRC Connection Setup Complete。

（2）RAB 建立成功率

$$RAB 建立成功率 = RAB 成功次数/RAB 请求次数 \times 100\%$$

① RAB 请求次数：UE 收到 Radio Bearer Setup。

② RAB 成功次数：UE 发出 Radio Bearer Setup Complete。

（3）FTP 上传掉线率

$$FTP\ 长传掉线率 = 异常掉线总次数/业务建立总次数 \times 100\%$$

① 异常掉线总次数：满足条件之一均认为异常掉线。

a．网络原因造成拨号连接异常断开，即下行收到非正常原因值的 PDP 去激活，判断依据为在测试终端正常释放拨号连接前的任何中断。

b．测试过程中超过 3minFTP 没有任何数据传输，且一直尝试 GET 后数据链路仍不可使用，此时需断开拨号连接并重新拨号来恢复测试。

② 业务建立总次数：登录 FTP 服务器成功，并获取文件大小信息的的总次数；FTP 登录失败的次数不计入业务建立总次数。

（4）FTP 下载掉线率

$$FTP\ 下载掉线率 = 异常掉线总次数/业务建立总次数 \times 100\%$$

① 异常掉线总次数：满足条件之一均认为异常掉线。

a．网络原因造成拨号连接异常断开，即下行收到非正常原因值的 PDP 去激活，判断依据为在测试终端正常释放拨号连接前的任何中断。

b．测试过程中超过 3minFTP 没有任何数据传输，且一直尝试 GET 后数据链路仍不可使用，此时需断开拨号连接并重新拨号来恢复测试。

② 业务建立总次数：登录 FTP 服务器成功，并获取文件大小信息的的总次数；FTP 登录失败的次数不计入业务建立总次数。

（5）里程掉线比

$$里程掉话比 = 覆盖里程/掉话次数$$

① 覆盖里程取 W/HSPA 网里程覆盖率分子之和（覆盖里程取 UE 满足覆盖率的总里程数）。

② 掉话次数取全网总掉话率分子。

③ 本定义适用于 PS 所有业务。

2．FTP 业务数据规范

网络优化分析需求根据不同的业务需求查看不同的性能指标，主要查看的性能指标如表 5-1～表 5-6 所示，每次业务测试都需要根据实际情况填写下述列表。

（1）Total$EcIo$ 指标

Total$EcIo$ 具体指标如表 5-1 所示。

表 5-1   Total$EcIo$ 指标

Total$EcIo$								
总采样点数	<-14.00（百分比）	[-14.00, -12.00]（百分比）	[-12.00, -10.00]（百分比）	[-10.00, -8.00]（百分比）	≥-8.00（百分比）	$EcIo ≥$ -11dB 的比例	$EcIo$ 连续 ≤-14dB 超过 10s 的时间段比例	$EcIo$ 连续 ≥-8dB 超过 10s 的时间段比例
主被叫	主被叫	主被叫	主被叫	主被叫	主被叫	主被叫	主被叫，主被叫满足条件的时长除以总时长	主被叫，主被叫满足条件的时长除以总时长

（2）TotalRSCP 指标

TotalRSCP 具体指标如表 5-2 所示。

表 5-2　　　　　　　　　　　　　　　　TotalRSCP 指标

	TotalRSCP							
总采样点数	<-105.00 （百分比）	[-100.00, -105.00) （百分比）	[-90.00, -100.00] （百分比）	[-90.00, -85.00] （百分比）	[-85.00, -80.00] （百分比）	≥-80.00 （百分比）	RSCP 连续 ≤-90dBm 超过 10s 的时间段比例	RSCP 连续 ≥-80dBm 超过 10s 的时间段比例
主被叫	主被叫	主被叫	主被叫	主被叫	主被叫	主被叫	主被叫，主被叫满足条件的时长除以总时长	主被叫，主被叫满足条件的时长除以总时长

（3）RxPower 指标

RxPower 具体指标如表 5-3 所示。

表 5-3　　　　　　　　　　　　　　　　RxPower 指标

	RxPower						
总采样点数	<-90.00 （百分比）	[-90.00, -85.00) （百分比）	[-85.00, -80.00) （百分比）	[-80.00, -75.00) （百分比）	≥-75.00 （百分比）	RxPower 连续≤-90dBm 超过 10s 的时间段比例	RxPower 连续≥-75dBm 超过 10s 的时间段比例
主被叫	主被叫	主被叫	主被叫	主被叫	主被叫	主被叫，主被叫满足条件的时长除以总时长	主被叫，主被叫满足条件的时长除以总时长

（4）TxPower 指标

TxPower 具体指标如表 5-4 所示。

表 5-4　　　　　　　　　　　　　　　　TxPower 指标

	TxPower							
总采样点数	<-15.00 （百分比）	[-15.00, 0.00) （百分比）	[0.00, 10.00) （百分比）	[10.00, 20.00) （百分比）	≥20.00 （百分比）	TxPower 连续 ≤-15dBm 超过10s的时间段比例	TxPower 连续 ≥20dBm 超过10s 的时间段比例	RSCP≥ -80dBm& TxPower ≤-10dBm 的采样点占 RSCP≥ -80dBm 采样点的比例
主被叫	主被叫	主被叫	主被叫	主被叫	主被叫	主被叫，主被叫满足条件的时长除以总时长	主被叫，主被叫满足条件的时长除以总时长	

（5）BLER 指标

BLER 具体指标如表 5-5 所示。

表 5-5   BLER 指标

BLER						
总采样点数	[0, 1)（百分比）	[1,2)（百分比）	[2, 3)（百分比）	[3, 100]（百分比）	BLER 连续 ≤1%超过 10s 的时间段比例	BLER 连续≥ 3%超过 10s 的时间段比例
主被叫	主被叫	主被叫	主被叫	主被叫	主被叫，主被叫满足条件的时长除以总时长	主被叫，主被叫满足条件的时长除以总时长

（6）ActiveSet 指标

ActiveSet 具体指标如表 5-6 所示。

表 5-6   ActiveSet 指标

ActiveSet						
总采样点数	1（%）	2（%）	3（%）	4（%）	5（%）	6（%）
主被叫	主被叫	主被叫	主被叫	主被叫	主被叫	主被叫

5.2.3 任务实施

1．测试软件操作

如果要对测试数据进行分析，需要将测试数据导入测试软件中，并将测试地图、测试基站导入，才能使接下来的业务分析工作更加直观，下面将以 FTP 测试数据分析为例说明数据分析的软件操作准备，具体步骤如下所示。

第一步：导入测试数据。

在导航栏"New Project"选项中用鼠标右键点击"Downlink Data Files"，弹出窗口如图 5-12 所示。

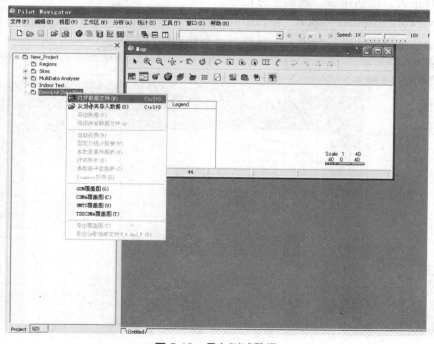

图 5-12 导入测试数据

在弹出数据导入窗口，选择数据存储路径，在硬盘中选择要分析的测试数据将测试数据导入。在"Pilot Navigator"窗口左侧导航栏中会显示导入的数据信息，如图 5-13 所示。

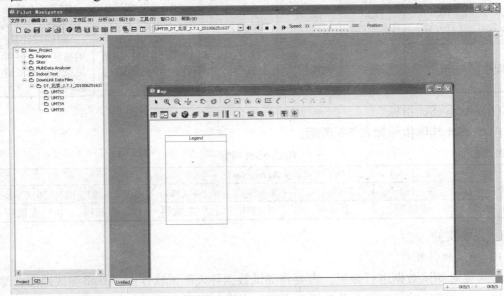

图 5-13 "Pilot Navigator"窗口显示导入的数据信息

测试数据导入后需要进行解压解码，以便显示测试数据里的参数、事件等。

数据解码的操作，可双击导航栏相应测试数据下的窗口名称，如：Map、Events List、Message、Graph、Radio 等可对相应测试数据进行解码；也可在菜单栏"统计"菜单下选择主被叫联合报表、评估报表、数据业务报表。

在"Network Evaluate Report"窗口中的数据列表里选择需加载的数据名称，如图 5-14 所示。可选择多个文件进行解码，同时获得多个相关统计报表。

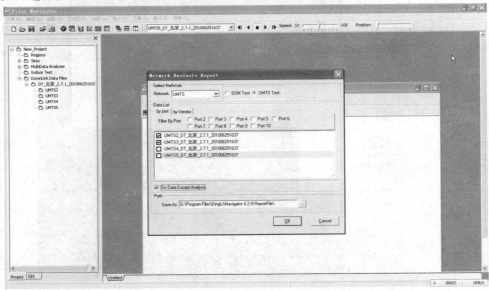

图 5-14 "Network Evaluate Report"窗口

点击"OK"按钮，显示解码进度条并弹出数据窗口。当解码进度条消失后即完成解码过程，工作区中将出现刚刚打开的 Map 窗口，依次双击导航栏中的 Events List、Message、Graph 等窗口，即可看到相应的各窗口信息，如图 5-15 所示。

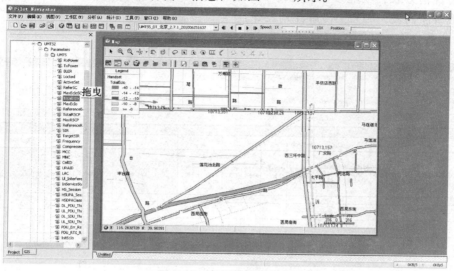

图 5-15 显示各窗口信息

第二步：统计报表。

Navigator 软件中常用的统计报表主要有"主被叫联合报表"、"评估报表"和"数据报表"。其中，"主被叫联合报表"、"评估报表"主要用于语音测试指标统计分析，"数据业务报表"主要用于数据业务测试指标统计分析。

（1）导出数据业务报表

在菜单栏"统计"菜单下选择统计报表名称，如主被叫联合报表、评估报表、数据业务报表等。此处选择"数据业务报表"，如图 5-16 所示。软件会导出 Excel 格式的统计数据报表。

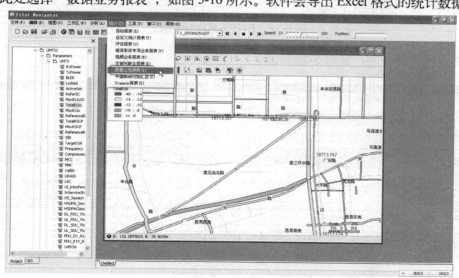

图 5-16 选择"数据业务报表"

(2) 查看数据业务报表

导出的"数据报表"主要包含如下分表和数据内容：DT 业务分表、FTP 下载详情分表、FTP 上传详情分表、功能参数列表、PPP 详情分表、FTP 掉话详情、PPP 时长异常情况、FTP 下载事件列表、FTP 上传事件列表等。

DT 业务分表，如图 5-17 所示。

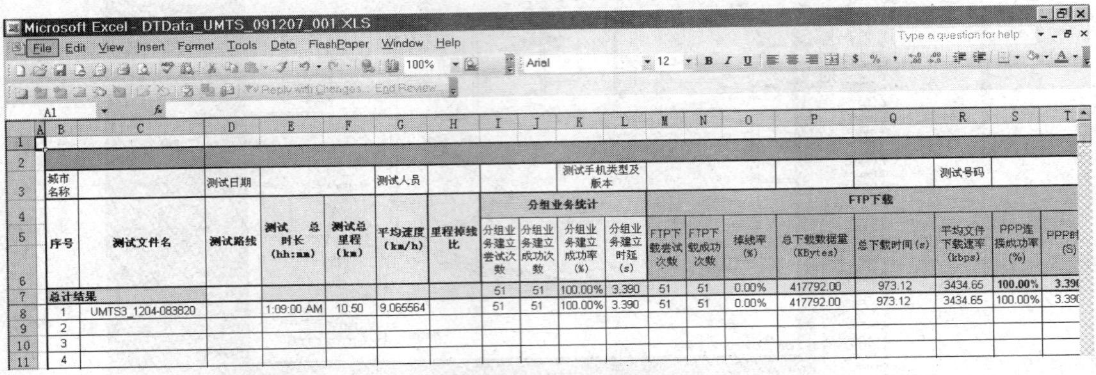

序号	测试文件名	测试路线	测试日期	总时长(hh:mm)	测试总里程(km)	平均速度(km/h)	里程掉线比	分组业务建立尝试次数	分组业务建立成功次数	分组业务建立成功率(%)	分组业务建立时延(s)	FTP下载尝试次数	FTP下载成功次数	接续率(%)	总下载数据量(KBytes)	总下载时间(s)	平均文件下载速率(kbps)	PPP连接成功率(%)	PPP时(S)
总计结果								51	51	100.00%	3.390	51	51	0.00%	417792.00	973.12	3434.65	100.00%	3.390
1	UMTS3_1204-083820		1:09:00 AM	10.50	9.065564			51	51	100.00%	3.390	51	51	0.00%	417792.00	973.12	3434.65	100.00%	3.390
2																			
3																			
4																			

图 5-17　查看 DT 业务分表

FTP 下载详情分表，如图 5-18 所示。

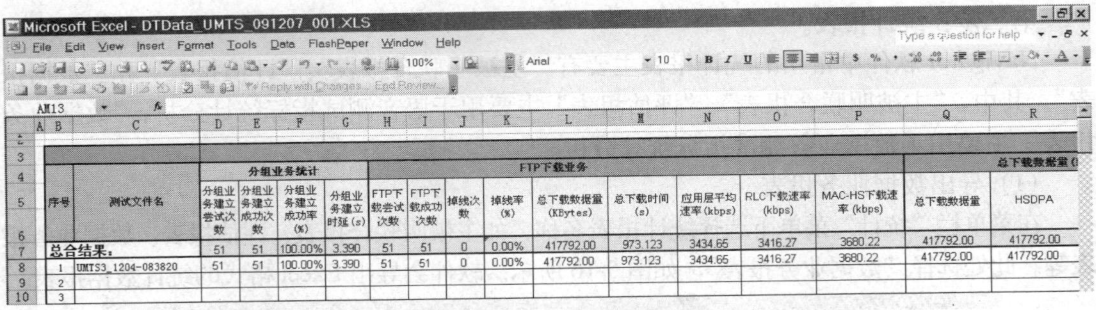

序号	测试文件名	分组业务建立尝试次数	分组业务建立成功次数	分组业务建立成功率	分组业务建立时延(s)	FTP下载尝试次数	FTP下载成功次数	掉线次数	掉线率(%)	总下载数据量(KBytes)	总下载时间(s)	应用层平均速率(kbps)	RLC下载速率(kbps)	MAC-HS下载速率(kbps)	总下载数据量	HSDPA
总合结果:		51	51	100.00%	3.390	51	51	0	0.00%	417792.00	973.123	3434.65	3416.27	3680.22	417792.00	417792.00
1	UMTS3_1204-083820	51	51	100.00%	3.390	51	51	0	0.00%	417792.00	973.123	3434.65	3416.27	3680.22	417792.00	417792.00
3																

图 5-18　FTP 下载详情分表

FTP 上传详情分表，如图 5-19 所示。

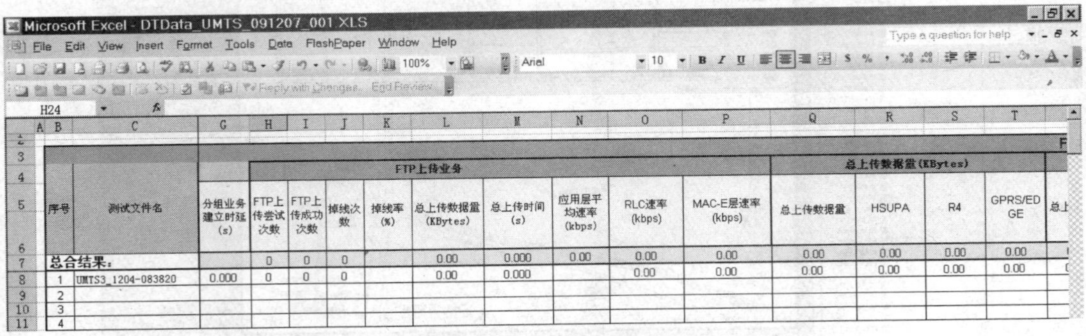

序号	测试文件名	分组业务建立时延(s)	FTP上传尝试次数	FTP上传成功次数	掉线次数	掉线率(%)	总上传数据量(KBytes)	总上传时间(s)	应用层平均速率(kbps)	RLC速率(kbps)	MAC-E层速率(kbps)	总上传数据量	HSUPA	R4	GPRS/EDGE
总合结果:			0	0	0	0.00%	0.000	0.000	0.00	0.00	0.00	0.00	0.00	0.00	0.00
1	UMTS3_1204-083820	0.000	0	0	0	0.00%	0.000	0.000	0.00	0.00	0.00	0.00	0.00	0.00	0.00
2															
3															

图 5-19　FTP 上传详情分表

功能参数列表，如图 5-20 所示。

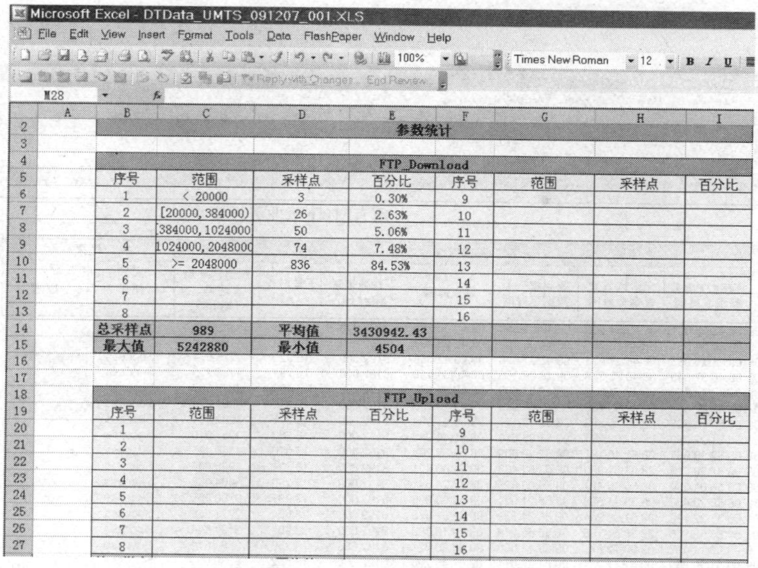

参数统计							
FTP_Download							
序号	范围	采样点	百分比	序号	范围	采样点	百分比
1	< 20000	3	0.30%	9			
2	[20000, 384000)	26	2.63%	10			
3	[384000, 1024000	50	5.06%	11			
4	1024000, 2048000	74	7.48%	12			
5	>= 2048000	836	84.53%	13			
6				14			
7				15			
8				16			
总采样点	989	平均值	3430942.43				
最大值	5242880	最小值	4504				

FTP_Upload							
序号	范围	采样点	百分比	序号	范围	采样点	百分比
1				9			
2				10			
3				11			
4				12			
5				13			
6				14			
7				15			
8				16			

图 5-20　功能参数列表

PPP 详情分表，如图 5-21 所示。

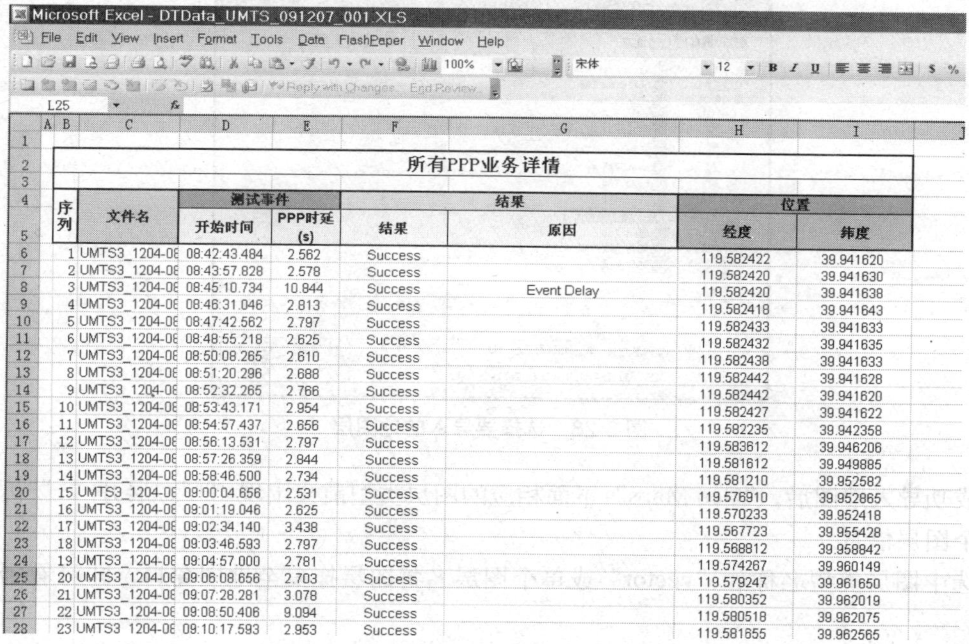

所有PPP业务详情							
序列	文件名	测试事件		结果		位置	
		开始时间	PPP时延(s)	结果	原因	经度	纬度
1	UMTS3_1204-0E	08:42:43.484	2.562	Success		119.582422	39.941620
2	UMTS3_1204-0E	08:43:57.828	2.578	Success		119.582420	39.941630
3	UMTS3_1204-0E	08:45:10.734	10.844	Success	Event Delay	119.582420	39.941638
4	UMTS3_1204-0E	08:46:31.046	2.813	Success		119.582418	39.941643
5	UMTS3_1204-0E	08:47:42.562	2.797	Success		119.582433	39.941633
6	UMTS3_1204-0E	08:48:55.218	2.625	Success		119.582432	39.941635
7	UMTS3_1204-0E	08:50:08.265	2.610	Success		119.582438	39.941633
8	UMTS3_1204-0E	08:51:20.296	2.688	Success		119.582442	39.941628
9	UMTS3_1204-0E	08:52:32.265	2.766	Success		119.582442	39.941620
10	UMTS3_1204-0E	08:53:43.171	2.954	Success		119.582427	39.941622
11	UMTS3_1204-0E	08:54:57.437	2.656	Success		119.582235	39.942358
12	UMTS3_1204-0E	08:56:13.531	2.797	Success		119.583612	39.946206
13	UMTS3_1204-0E	08:57:26.359	2.844	Success		119.581612	39.949885
14	UMTS3_1204-0E	08:58:46.500	2.734	Success		119.581210	39.952582
15	UMTS3_1204-0E	09:00:04.656	2.531	Success		119.576910	39.952865
16	UMTS3_1204-0E	09:01:19.046	2.625	Success		119.570233	39.952418
17	UMTS3_1204-0E	09:02:34.140	3.438	Success		119.567723	39.955428
18	UMTS3_1204-0E	09:03:46.593	2.797	Success		119.568812	39.958842
19	UMTS3_1204-0E	09:04:57.000	2.781	Success		119.574267	39.960149
20	UMTS3_1204-0E	09:06:08.656	2.703	Success		119.579247	39.961650
21	UMTS3_1204-0E	09:07:28.281	3.078	Success		119.580352	39.962019
22	UMTS3_1204-0E	09:08:50.406	9.094	Success		119.580518	39.962075
23	UMTS3_1204-0E	09:10:17.593	2.953	Success		119.581655	39.962565

图 5-21　PPP 详情分表

FTP 下载事件列表，如图 5-22 所示。

第三步：导入地图。

软件菜单栏中，选择“编辑”按钮，然后选择导入地图。选择 MapInfo Tab Files，点击“OK”按钮，到“我的电脑”目录中找到地图存放路径并选择要导入的地图层，如

图 5-23 所示。

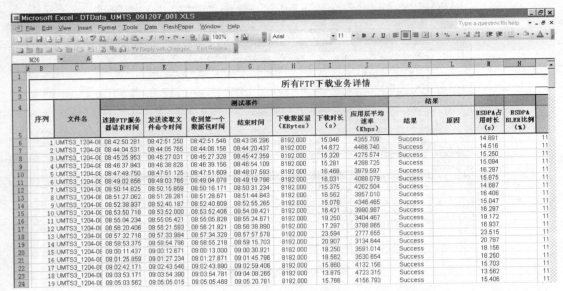

所有FTP下载业务详情												
		测试事件							结果			
序列	文件名	连接FTP服务器请求时间	发送读取文件命令时间	收到第一个数据包时间	结束时间	下载数据量（KBytes）	下载时长（s）	应用层平均速率（Kbps）	结果	原因	HSDPA占用时长（s）	HSDPA BLER比例（%）
1 UMTS3_1204-08		08:42:50.281	08:42:51.250	08:42:51.546	08:43:06.296	8192.000	15.046	4355.709	Success		14.891	11
2 UMTS3_1204-08		08:44:04.531	08:44:05.765	08:44:06.156	08:44:20.437	8192.000	14.672	4466.740	Success		14.516	11
3 UMTS3_1204-08		08:45:25.953	08:45:27.031	08:45:27.328	08:45:42.359	8192.000	15.328	4275.574	Success		15.250	11
4 UMTS3_1204-08		08:46:37.843	08:46:38.828	08:46:39.156	08:46:54.109	8192.000	15.281	4288.725	Success		15.094	11
5 UMTS3_1204-08		08:47:49.750	08:47:51.125	08:47:51.609	08:48:07.593	8192.000	16.468	3979.597	Success		16.297	11
6 UMTS3_1204-08		08:49:02.656	08:49:03.765	08:49:04.078	08:49:19.796	8192.000	18.031	4088.079	Success		15.875	11
7 UMTS3_1204-08		08:50:14.625	08:50:15.859	08:50:16.171	08:50:31.234	8192.000	15.375	4262.504	Success		14.687	11
8 UMTS3_1204-08		08:51:27.062	08:51:28.281	08:51:28.671	08:51:44.843	8192.000	16.562	3957.010	Success		16.406	11
9 UMTS3_1204-08		08:52:38.937	08:52:40.187	08:52:40.609	08:52:55.265	8192.000	15.078	4346.465	Success		15.047	11
10 UMTS3_1204-08		08:53:50.718	08:53:52.046	08:53:52.406	08:54:08.421	8192.000	16.421	3990.987	Success		16.297	11
11 UMTS3_1204-08		08:55:04.234	08:55:05.421	08:55:05.828	08:55:24.671	8192.000	19.250	3404.467	Success		19.172	11
12 UMTS3_1204-08		08:56:20.406	08:56:21.593	08:56:21.921	08:56:38.890	8192.000	17.297	3788.865	Success		16.937	11
13 UMTS3_1204-08		08:57:32.718	08:57:33.984	08:57:34.328	08:57:57.578	8192.000	23.594	2777.655	Success		23.515	11
14 UMTS3_1204-08		08:58:53.375	08:58:54.796	08:58:55.218	08:59:15.703	8192.000	20.907	3134.644	Success		20.797	11
15 UMTS3_1204-08		09:00:11.437	09:00:12.671	09:00:13.000	09:00:30.921	8192.000	18.250	3591.014	Success		18.156	11
16 UMTS3_1204-08		09:01:25.859	09:01:27.234	09:01:27.671	09:01:45.796	8192.000	18.562	3530.654	Success		18.250	11
17 UMTS3_1204-08		09:02:42.171	09:02:43.546	09:02:43.890	09:02:59.406	8192.000	15.860	4132.156	Success		15.703	11
18 UMTS3_1204-08		09:03:53.171	09:03:54.390	09:03:54.781	09:04:08.265	8192.000	13.875	4723.315	Success		13.562	11
19 UMTS3_1204-08		09:05:03.562	09:05:05.015	09:05:05.468	09:05:20.781	8192.000	15.766	4156.793	Success		15.406	11

图 5-22　FTP 下载事件列表

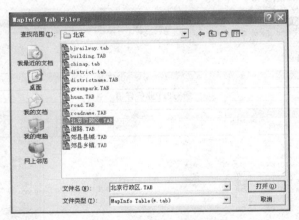

图 5-23　选择要导入的地图层

　　成功导入地图后，"Geo Maps"下面相应的图层类型前会出现"+"，展开"+"可以查看各个图层信息。

　　选中图层类型名称如"vector"或单个图层名将图层拖曳至地图窗口，即可看到地图信息。

　　第四步：导入基站。

　　在软件菜单栏中，选择"编辑"下的"导入基站"来导入基站信息。

　　导入的基站在导航栏工程面板"Sites"下的"UMTS"中显示，拖动"UMTS"或"UMTS"下的某个站到地图窗口即可显示，如图 5-24 所示。

　　第五步：数据回放。

　　打开回放时所需要观察的覆盖测试数据的窗口，如 Map、Chart、Message、Table 窗口。

在工具栏中从打开的数据列表（数据列表列出所有在工作区中打开窗口的测试数据名称）中选择要回放的测试数据，如图 5-25 所示。

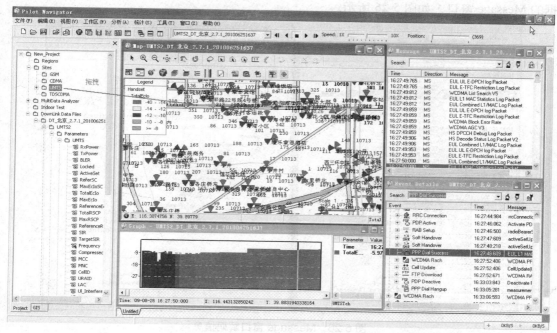

图 5-24　导入基站

图 5-25　数据列表

然后通过工具栏中的回放按钮

进行回放控制。回放过程中可点击任意一个窗口中的回放位置，对回放的位置进行调整。与此同时，该测试数据的其他窗口的回放位置会自动同步调整。各 Workspace 中的窗口可同步回放。

2. FTP 测试数据分析

FTP 数据的分析与语音数据分析类似，主要包括信令分析处理、事件分析处理、图表信息处理等。具体步骤如下所示。

第一步：信令分析处理。

（1）信令解码

Message 窗口显示指定测试数据完整的解码信息，可以分析 3 层信息反映的网络问题，

117

自动诊断 3 层信息流程存在的问题并指出问题位置和原因。每个测试数据都可以打开一个
Message 窗口，在导航栏中的数据端口号上右键单击，选择信令窗口，即可打开该测试数
据的 Message 窗口，如图 5-26 所示。

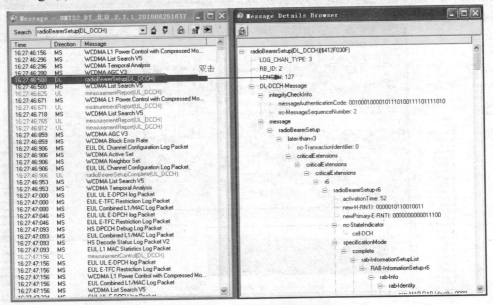

图 5-26　Message 窗口解码信息

在 Message 窗口中双击信令，弹出如图 5-26 所示的信令解码窗口，显示信令解码信息。

（2）信令过滤

Message 窗口的下拉框显示了当前 3 层信息的信息类型。用户可以利用该下拉框选择
或直接输入需要查找的 3 层信息名，并利用 Message 窗口的 ⬆、⬇ 按钮向上或向下查找指
定的 3 层信息，当查找到第一个该信息类型时，把测试数据的当前测试点移动到相应位置。
用户可以利用鼠标任意点取当前测试点位置。用户也可以利用鼠标点击任意测试点，使之
成为当前测试点。

点击窗口右上角处的 按钮，可以激活 Message 窗口显示的 3 层信息详细内容列表。
通过对信息类的选择，可以使 3 层信息在 Message 窗口中进行分类显示（Message 窗口显
示已勾选的信令），如图 5-27 所示。同时，右键激活菜单"Color"可设置被选信令在 Message
窗口的显示颜色。

第二步：事件分析处理。

（1）事件显示

在软件导航栏中，选择相应数据端口号，右键单击选择"事件窗口"，打开如图 5-28
所示 Events List 窗口。Events List 窗口列出了每一个测试事件，利用此窗口用户可以很方
便的定位问题点。

（2）事件查询

用户可以利用该下拉框选择或直接输入事件名称，并利用 Events List 窗口的 ⬆、⬇ 按
钮向上或向下查找指定的事件，当查找到第一个该信息类型时，把测试数据的当前测试点

移动到相应位置。用户可以利用鼠标任意点取当前测试点位置。用户也可以利用鼠标点击任意测试点，使之成为当前测试点。

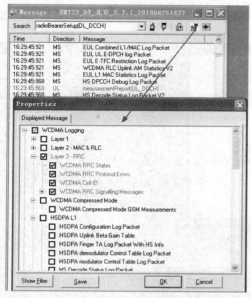

图 5-27　激活 Message 窗口显示的 3 层信息

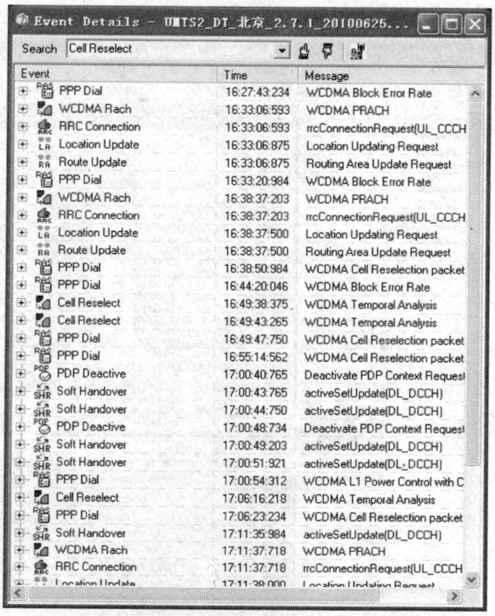

图 5-28　Events List 窗口显示测试事件

点击窗口右上角处的 ▣ 按钮，可以激活 Events List 窗口显示的列表。通过对信息类的选择，可以显示或隐藏 PESQ 测试信息，如图 5-29 所示。

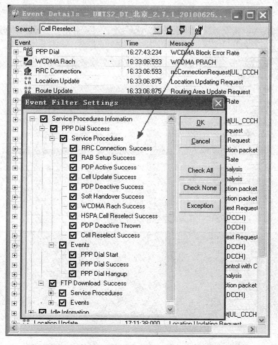

图 5-29　激活 Events List 窗口显示的列表

第三步：表窗口处理。

在导航栏中的数据端口号下的相应参数上，右键单击，选择"表窗口"来打开窗口，如图 5-30 所示。

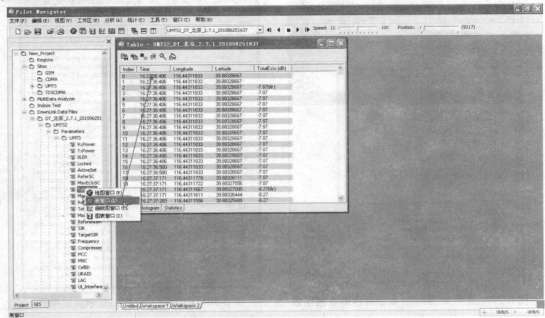

图 5-30　表窗口

若要将多个参数同时在表窗口显示，把导航栏的数据参数直接拖曳到已有的表窗口即可，如图 5-31 所示。

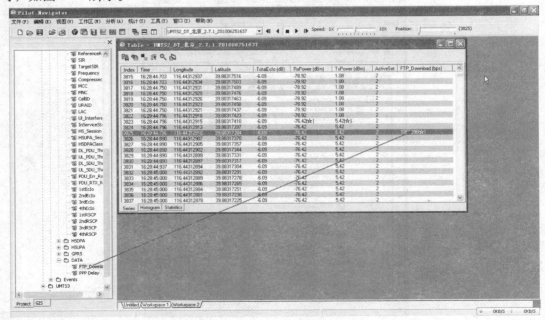

图 5-31　多个参数同时在表窗口显示

第四步：Graph 窗口处理。

（1）参数显示

在导航栏中的数据端口号下的相应参数上，右键单击，选择"曲线图窗口"来打开 Graph
窗口，如图 5-32 所示。

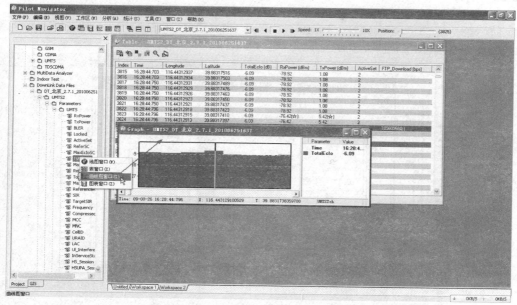

图 5-32　曲线图窗口

（2）增加 Graph 窗口显示的参数

在软件导航栏中的数据端口号上选择另外的参数，直接拖曳到 Graph 窗口即可实现
Graph 窗口的多参数显示，如图 5-33 所示。

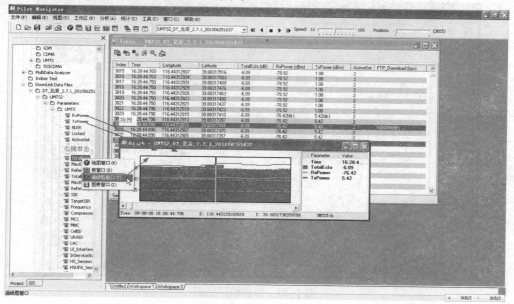

图 5-33　Graph 窗口的多参数显示

121

第五步：图表窗口处理。

图表窗口显示了针对当前参数采样点的柱状图及饼状图。在导航栏中的数据端口号下的相应参数上，右键单击，选择"图表窗口"即可显示该数据的柱状图或饼状图，如图 5-34、图 5-35 所示。

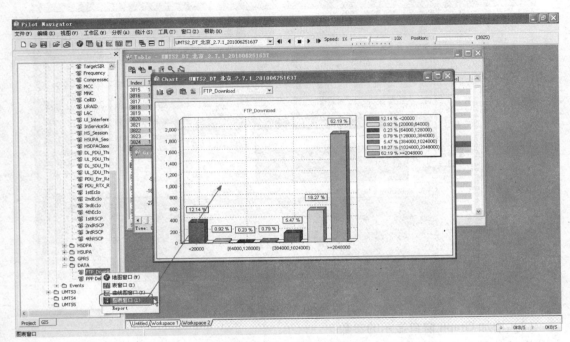

图 5-34　数据的柱状图

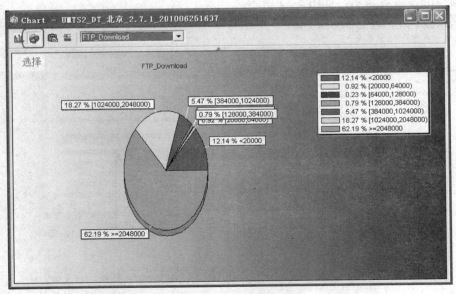

图 5-35　数据的饼状图

5.2.4　任务评价

评价项目	项目评价的内容	分值	自我评价	小组评价	教师评价	得分
理论知识	① 了解 FTP 业务的性能指标	5				
	② 熟悉 FTP 业务的数据规范	5				
	③ 掌握 FTP 业务测试数据的回放操作方法	10				
	④ 学会对 FTP 业务测试数据的分析方法	10				
实操技能	① 能进行视频业务测试数据的导入和回放	10				
	② 能进行视频业务测试数据的分析操作	10				
	③ 能检测测试数据是否正确导入	5				
	④ 能判断数据分析的结果是否正确输出	5				
	⑤ 能处理数据分析得到的各种图表	5				
	⑥ 能处理数据分析得到的其他输出数据	5				
安全文明生产	① 安全、文明操作	5				
	② 有无违纪与违规现象	5				
	③ 良好的职业操守	5				
学习态度	① 不迟到、不缺课、不早退	5				
	② 学习认真，责任心强	5				
	③ 积极参与完成项目的各个步骤	5				
总 计 得 分						

单 元 习 题

1．简述在鼎利软件里有哪些可以设置主要工程测试参数。
2．简述测试卡的配置步骤。
3．简述配置上传测试模板步骤。
4．简述配置下载测试模板步骤。

第 6 单元　优化案例分析

任务 1：覆盖问题优化案例分析

6.1.1　任务描述

1. 项目背景

前面学习过覆盖率的定义方法：覆盖率定义为 $F=1$ 的测试点在所有测试点中的百分比（注：统计前先排除异常点）；$F=\text{RSCP}\geqslant R$ 且 $Ec/Io\geqslant S$（注：RSCP 表示接收导频信号码片功率，Ec/Io 表示接收导频信号质量，R 和 S 是 RSCP 和 Ec/Io 在计算中的阈值。当两个条件都满足时，$F=1$；否则 $F=0$）。

而所有 $F=0$ 的点组成的路测地段即为弱覆盖定义的地方，这就是需要优化处理的弱覆盖地段。而一般的处理方法为：调整天线方位角，调整天线倾角等手段。本任务单元将以弱覆盖为例介绍网络优化的一般调整手段。

2. 培养目标

（1）了解 RF 优化原理特点

（2）了解弱覆盖的原理特点

（3）了解越区覆盖的原理特点

（4）学习覆盖问题案例的优化分析

（5）掌握覆盖问题优化的思路和方法

6.1.2　相关知识

1. RF 优化

RF 优化作为 WCDMA 无线网络优化中的一个重要阶段，是对无线射频信号进行的优化，而在网络建设中遇到的种种问题一般会先使用 RF 优化的手段来解决网络问题。它的目的是在优化信号覆盖的同时控制导频污染和软切换比例，保证下一步参数优化工作时无线信号的分布正常。它主要的优化手段为调整基站工程参数。

RF 优化主要包括测试准备、单站检查、数据采集、数据分析、分析问题及制订优化方案、方案实施几个部分。RF 优化流程如图 6-1 所示。其中，数据采集、分析问题及制订优化方案、方案实施需要根据优化目标要求和实际优化现状反复进行，直至网络情况满足优化目标要求为止。

2. 弱覆盖

前面已经介绍什么是弱覆盖了，其实根据局方要求的不同，弱覆盖的定义门限有多种，一般我们认为在覆盖范围之外的点为弱覆盖区域，即为：

−90dBm 弱覆盖采样点为（TotalRSCP＜−90 dBm&TotalEc/Io＞−12 dB）的采样点数；

−85dBm 弱覆盖采样点为（TotalRSCP＜−85 dBm&TotalEc/Io＞−10 dB）的采样点数

现象：Ec 以及 Ec/Io 都较低。

可能原因：小区覆盖边缘、小区工程参数设置不合理、天线被阻挡、功率参数设置不合理。

解决方案：检查基站参数设置，现场确认天线有无阻挡，调整天线工程参数（方向角、下倾角、天线挂高、天线安装位置等），更换高增益天线，利用覆盖增强技术，新增基站。

3. 越区覆盖

越区覆盖就是某些基站的覆盖范围过大，覆盖了本是由其他基站该覆盖的地方，其主要原因为天线位置过高或天线倾角规划不合理导致的天线覆盖过远导致的覆盖问题。

现象：越区覆盖主要表现为某些小区的导频信号过强，覆盖区域超过了规划的范围，在其他小区的覆盖区域内形成不连续的主导区域。

可能原因：站点太高、天线工程参数不合理、街道效应等。

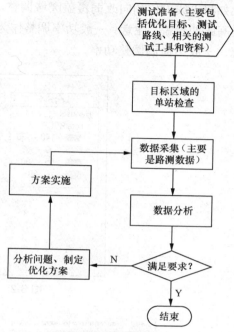

图 6-1 RF 优化流程

解决方案：加大天线的下倾角，必要的时候可以采用可调电下倾天线，合理利用周边建筑物的阻挡，降低天线安装位置，甚至调整站点。

6.1.3 任务实施

如何处理诸如此类的弱覆盖问题呢？以下通过实例来介绍具体方法。

第一步：数据采集。

需要对测试过程中发现的弱覆盖区域进行重新数据采集，保证此处的弱覆盖问题不是偶然现象，保证采集的数据的真实性。

📖 **说明**

如果能确认数据已属实则可略过此步骤。

第二步：数据分析。

将采集回来的数据通过数据软件回放查看弱覆盖区域，如某区域中，无法打通手机电话，该路段的信号状况如图 6-2 所示。

第三步：原因分析。

查看手机状态，通过信令操作窗口及图表操作窗口，查看主叫手机状态，如图 6-3 所示。

由图 6-3 可知：主叫无线状态良好，已上行发送对被叫的寻呼信息 setup，12 s 后主动释放连接，怀疑是被叫的原因造成了未接通。查看被叫手机状态，如图 6-4 所示。

由图 6-4 可知：被叫始终未收到寻呼信息，且被叫的 RSCP 及 EC/IO 均很低，是典型的弱覆盖区域。

第四步：提交解决方案。

加强此区域的覆盖，可从天线方向角、下倾角、挂高，以及发射功率方面着手调整。比如将天线方位角向改弱覆盖区域调整，或根据需要加大或减小倾角，或者加大功率均能提高此处覆盖。注意：一般功率调整作为最后的调整手段，因为 WCDMA 是一个自干扰系统，一般不提倡调整功率。

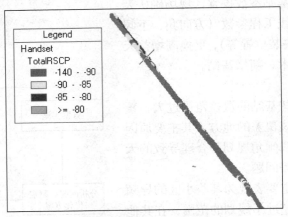

图 6-2　弱覆盖区域信号状况

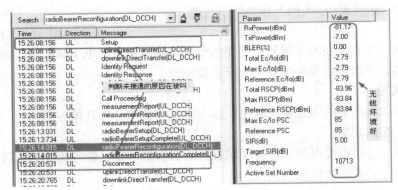

图 6-3　主叫手机状态

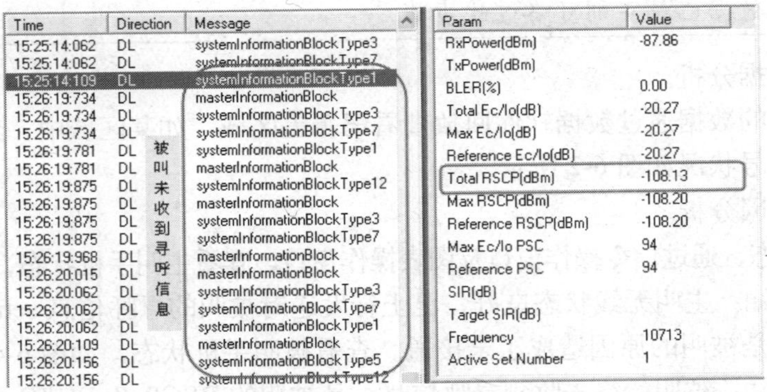

图 6-4　被叫手机状态

6.1.4　任务评价

评价项目	项目评价的内容	分值	自我评价	小组评价	教师评价	得分
理论知识	① 掌握 RF 优化原理	5				
	② 掌握弱覆盖的原理	5				
	③ 掌握越区覆盖的原理	5				
	④ 掌握覆盖问题案例的优化分析	10				
	⑤ 掌握覆盖问题优化的思路和方法	10				
实操技能	① 能分析覆盖问题的数据	15				
	② 能对覆盖问题进行优化处理	10				
	③ 能撰写覆盖问题案例的优化处理报告	10				
安全文明生产	① 安全、文明操作	5				
	② 有无违纪与违规现象	5				
	③ 良好的职业操守	5				
学习态度	① 不迟到、不缺课、不早退	5				
	② 学习认真，责任心强	5				
	③ 积极参与完成项目的各个步骤	5				
总　计　得　分						

任务 2：导频污染优化案例分析

6.2.1　任务描述

1. 项目背景

导频污染是在密集城区网络优化中常见的一个问题，本任务通过实际案例来介绍导频污染的处理方法。

2. 培养目标

（1）了解导频污染的定义

（2）学习导频污染问题案例的优化分析

（3）掌握导频污染优化的思路和方法

6.2.2　相关知识

1. 导频污染的定义

导频污染定义为：当某个导频信号与最好小区信号质量差在一定范围内（一般取 5 dB）

并且该信号不在激活集中，就形成导频污染，比较典型的现象就是 Ec 高，Ec/Io 却很低。

根据导频污染的定义，导频污染是多个小区共同作用的结果。因此，导频污染主要发生在基站比较密集的环境中，形成导频污染的原因主要有下面几种 ：

① 基站环形布局；

② 站点过高或天线工程参数设置不合理，产生越区覆盖；

③ 无线传播环境的影响。

导频污染会造成以下网络问题。

① Ec/Io 恶化，呼入呼出困难。每个小区的 Ec/Io 都十分接近，UE 在 IDEL 状态频繁进行小区重选，难以保证 UE 始终驻留在最强的小区里面，影响呼入呼出的成功率。

② 切换频繁，甚至掉话。由于没有主导频，而且相互变化也很快，根据 WCDMA 的软切换策略，势必导致 UE 发生频繁切换，增大了掉话的可能性。

③ 影响系统容量。WCDMA 是自干扰系统，在导频污染的区域，干扰增加，直接影响到系统容量，同时移动台的频繁切换也会影响到系统的容量。

2. 导频污染处理方法

解决导频污染的核心思想就是在有导频污染的地方形成主导频。常用的优化方法有以下几种。

① 调整天线工程参数，比如方位角、下倾角、天线挂高或安装位置。

② 调整小区的导频发射功率，包括增加某个小区的功率，降低其他小区的功率。

③ 调整基站布局，在导频污染区域增加信源，引入一个强的主信号。

④ 必要的时候可以适当调整小区选择和重选参数，提高接通率。

6.2.3 任务实施

对于导频干扰引起的覆盖问题，可以通过调整某一个天线的工程参数，使该天线在干扰位置成为主导小区；也可以通过调整其他几个天线参数，减小信号到达这些区域的强度从而减少导频个数；如果条件许可，可以增加新的基站覆盖这片地区；如果干扰来自一个基站的两个扇区，可以考虑进行扇区合并。下面通过实际案例来熟悉处理导频污染的具体步骤。

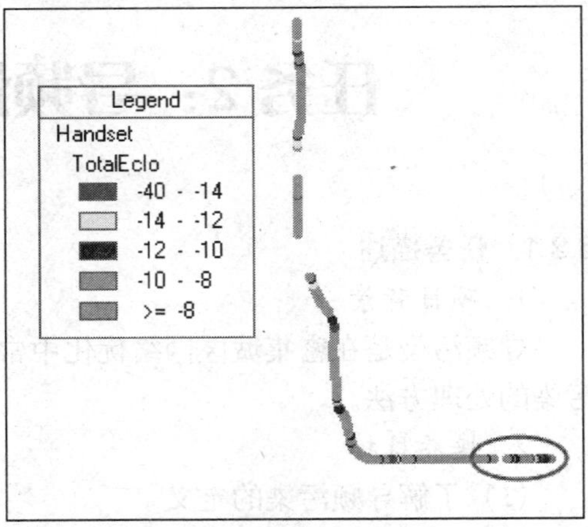

第一步：数据采集。

如图 6-5 所示：车辆由东向西行驶，主叫已建立完成信令、数据连接，但是由于被叫干扰大，无法成功建立 RRC 连接，导致网络最终释放主叫的连接。

图 6-5 导频干扰

第二步：问题分析。

查看主叫手机状态，如图 6-6、图 6-7 所示。

由图 6-7 可知：主叫已上行发送 Setup，且无线环境良好；但最终网络下行释放连接，解码原因为 "No user responding"。

查看被叫手机状态，如图 6-8 所示。

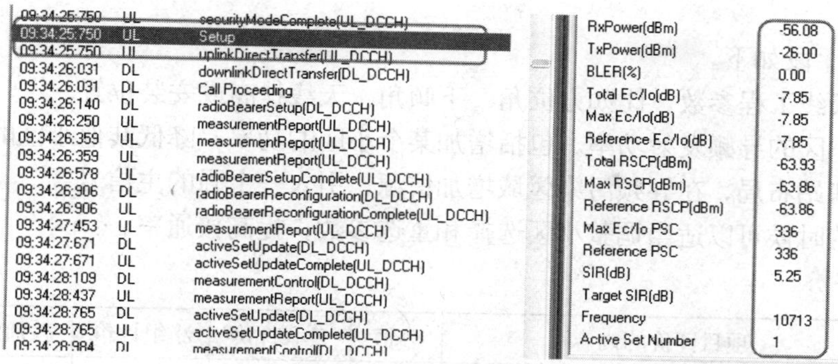

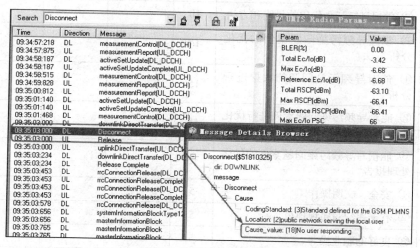

图 6-6　主叫发送 Setup 以寻呼被叫

图 6-7　网络下行释放连接

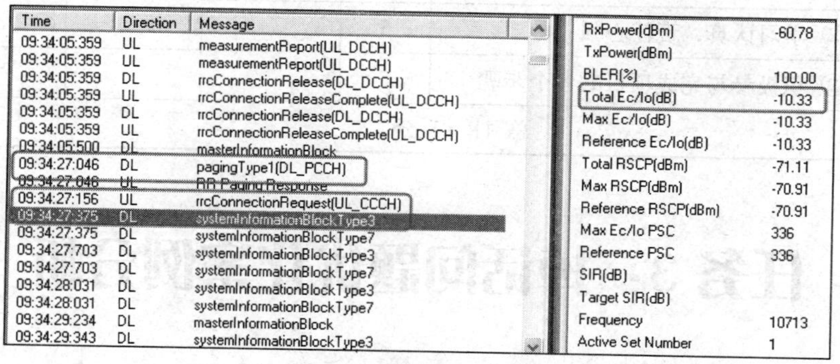

图 6-8　被叫手机状态

由图 6-8 可知：被叫已经收到寻呼信息，并上行发起 rrc 连接请求，但是由于 Ec/Io 差，同时 BLER 达到 100%，未能成功建立 rrc 连接即进入 IDLE 状态。

综合以上描述，怀疑是由于干扰大引起本次未接通事件。

第三步：提交解决方案。

根据解决导频污染的主导思想加强主导频覆盖，降低其他弱导频覆盖，从而解决导频

污染问题。

可采用的手段如下。

① 调整天线工程参数，比如方位角、下倾角、天线挂高或安装位置。

② 调整小区的导频发射功率，包括增加某个小区的功率，降低其他小区的功率。

③ 调整基站布局，在导频污染区域增加信源，引入一个强的主信号。

④ 必要的时候可以适当调整小区选择和重选参数，提高接通率。

6.2.4 任务评价

评价项目	项目评价的内容	分值	自我评价	小组评价	教师评价	得分
理论知识	① 了解导频污染的定义	5				
	② 掌握导频污染优化的思路和方法	10				
	③ 掌握导频污染问题案例的优化分析方法	10				
实操技能	① 能对导频污染问题的数据进行分析	15				
	② 能对导频污染问题案例进行优化处理	15				
	③ 能撰写导频污染问题案例的优化处理报告	15				
安全文明生产	① 安全、文明操作	5				
	② 有无违纪与违规现象	5				
	③ 良好的职业操守	5				
学习态度	① 不迟到、不缺课、不早退	5				
	② 学习认真，责任心强	5				
	③ 积极参与完成项目的各个步骤	5				
总 计 得 分						

任务 3：掉话问题优化案例分析

6.3.1 任务描述

1. 项目背景

掉话问题是网络优化过程中一种常见的问题，它主要表现为在通话时发生断线或长时间语音不通。本任务就掉话问题的处理做详细的介绍。

2. 培养目标

(1) 了解邻区错配导致掉话的原理特点

（2）了解覆盖问题导致掉话的原理特点

（3）了解切换问题导致掉话的原理特点

（4）学习掉话问题案例的优化分析

（5）掌握掉话问题优化的思路和方法

6.3.2 相关知识

1. 邻区配置错误导致掉话

一般来讲，初期优化过程掉话占大多数是由于邻区漏配导致的。对于同频邻区，通常采用以下的办法来确认是否为同频邻区漏配。

方法一：观察掉话前 UE 记录的活动集 $EcIo$ 信息和 Scanner 记录的 Best Server $EcIo$ 信息，如果 UE 记录的 $EcIo$ 很差，而 Scanner 记录的 Best Server $EcIo$ 很好；同时检查 Scanner 记录 Best Server 扰码是否出现在掉话前最近出现的同频测量控制中，如果测量控制中没有扰码，那么可以确认是邻区漏配。

方法二：如果掉话后 UE 马上重新接入，如果 UE 重新接入的小区扰码和掉话时的扰码不一致，也可以怀疑是邻区漏配问题，可以通过测量控制进一步进行确认。

邻区漏配导致的掉话也包括异频邻区漏配和异系统邻区漏配。

2. 覆盖导致掉话

通常所说的覆盖差，主要是指 RSCP 和 $EcIo$ 都很差。覆盖的问题需要通过掉话前上行或者下行的专用信道功率来确认，需要采用以下的方法来确认。

如果掉话前的上行发射功率达到最大值，并且上行的 BLER 也很差或者从 RNC 记录的单用户跟踪上看到 NodeB 上报 RL failure，基本可以认为上行覆盖差导致的掉话；如果掉话前，下行发射功率达到最大值，并且下行的 BLER 很差，基本可以认为是下行覆盖不行导致的掉话。

确认覆盖的问题简单直接的方式：直接观察 Scanner 采集的数据，若最好小区的 RSCP 和 EcNo 都很低，就可以认为是覆盖问题。

3. 切换问题产生掉话

软切换/同频导致掉话主要分为两类原因：切换来不及或者乒乓切换。

从信令流程上 CS 业务表现为手机收不到活动集更新命令（同频硬切换时为物理信道重配置），PS 业务有时候会在切换之前先发生 TRB 复位。

从信号上看，切换来不及主要有以下两种现象。

① 拐角：源小区 $EcIo$ 陡降，目标小区 $EcNo$ 陡升（即突然出现就是很高的值）。

② 针尖：源小区 $EcIo$ 快速下降一段时间后上升，目标小区出现短时间的陡升。

乒乓切换主要有以下两种现象。

① 主导小区变化快。2 个或者多个小区交替成为主导小区，主导小区具有较好的 RSCP 和 $EcIo$，每个小区成为主导小区的时间很短。

② 无主导小区：存在多个小区，RSCP 正常而且相互之间差别不大，每个小区的 $EcIo$ 都很差。

6.3.3 任务实施

掉话问题的数据分析详细流程主要如下，可根据自有设备情况增减。比如如果没有

Scanner 设备，使用手机也可做初步判定。

第一步：准备数据。

① 路测软件采集数据文件。

② RNC 记录的单用户跟踪。

③ RNC 记录的 CDL。

第二步：获取掉话位置。

采用路测数据处理软件获取掉话的时间和地点，获取掉话前后 Scanner 采集的导频数据，手机采集的活动集和监视集信息、信令流程等。

第三步：分析主导小区变化情况。

主要分析主导小区的变换情况，如果主导小区相对稳定，进一步分析 RSCP 和 $EcIo$ 情况。

如果主导小区变化频繁，需要区分主导小区变化快的情况，或者没有主导小区的情况，然后进一步进行乒乓切换掉话分析。

第四步：分析主导小区信号 RSCP 和 $EcIo$。

观察 Scanner 最好小区 RSCP、$EcNo$，根据不同的情况分别处理。

① RSCP 差，$EcNo$ 差，可以确定为覆盖问题。

② RSCP 正常，$EcNo$ 差（排除切换来不及导致的同频邻区干扰），可以确定为导频干扰问题。

③ RSCP 正常，$EcNo$ 正常，如果 UE 活动集中小区与 Scanner 最好小区不一致，可能为邻区漏配或者切换来不及导致的掉话；如果 UE 活动集中小区与 Scanner 最好小区一致，可能为上行干扰或者异常掉话。

第五步：路测重现问题。

由于一次路测不一定能够采集到定位掉话问题需要的所有信息，此时需要通过进一步路测来收集数据。通过进一步的路测也能确认该掉话点是随机掉话的点或者固定掉话点，一般来说固定掉话点一定需要解决，而随机掉话点则需要根据掉话发生的概率来确定是否需要解决。

下面通过实际案例介绍调节掉话问题的处理方法。

第一步：数据采集。

汽车由南往北方向行驶，UE 掉话时占用的 SRNC 小区 PSC 182，无线环境情况较差（Total Ec/Io = −23 dB 左右），覆盖区域无线信号强度比较弱（Total RSCP = −118 dBm 左右），如图 6-9 所示。

第二步：数据分析。

查看掉话时信令、无线环境及邻区无线环境，如图 6-10、图 6-11 所示。

综合分析：UE 行驶路段 RSCP 持续比较差，终端持续上行发送测量报告，但是从邻区列表中看到，此时的邻区无线环境也都很差，不足以触发向邻区切换的门限，因此最终掉话。

第三步：提交解决方案。

实地勘察地形地貌，调整天线位置、挂高、方位角、发射功率等，解决可能由于遮挡引起的弱覆盖问题。

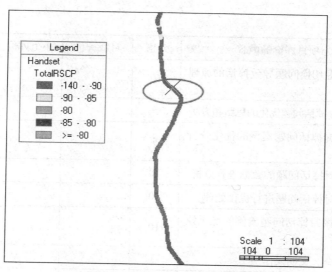

图 6-9 掉话时 RSCP 覆盖图

18:28:51:515	UL	measurementReport(UL_DCCH)		RxPower(dBm)	-96.11
18:28:52:062	UL	measurementReport(UL_DCCH)		TxPower(dBm)	22.00
18:28:52:062	UL	measurementReport(UL_DCCH)		BLER(%)	12.50
18:28:52:109	UL	measurementReport(UL_DCCH)		Total Ec/Io(dB)	-20.52
18:28:52:812	UL	measurementReport(UL_DCCH)		Max Ec/Io(dB)	-20.52
18:28:52:859	UL	measurementReport(UL_DCCH)		Reference Ec/Io(dB)	-20.52
18:28:52:906	UL	measurementReport(UL_DCCH)		Total RSCP(dBm)	-116.63
18:28:53:046	UL	measurementReport(UL_DCCH)		Max RSCP(dBm)	-116.65
18:28:53:093	UL	measurementReport(UL_DCCH)		Reference RSCP(dBm)	-116.65
18:28:53:093	UL	measurementReport(UL_DCCH)		Max Ec/Io PSC	182
18:28:53:234	UL	measurementReport(UL_DCCH)		Reference PSC	182
18:28:54:078	UL	measurementReport(UL_DCCH)		SIR(dB)	-3.75
18:28:54:500	UL	measurementReport(UL_DCCH)		Target SIR(dB)	
18:28:54:640	UL	measurementReport(UL_DCCH)		Frequency	10713
18:28:54:921	UL	measurementReport(UL_DCCH)		Active Set Number	1
18:28:54:968	UL	measurementReport(UL_DCCH)			
18:28:55:109	UL	measurementReport(UL_DCCH)			
18:28:55:671	UL	measurementReport(UL_DCCH)			
18:28:56:046	UL	measurementReport(UL_DCCH)			

图 6-10 掉话时信令及无线环境

Grid	Chart				
Frequ...	PSC	NodeB	State	Ec/Io(dB)	RSCP(dBm)
10713	182		A_Set	-19.42	-115.73
10713	270		M_Set	-20.56	-116.36
10713	126		M_Set	-21.74	-118.06
10713	134		M_Set	-21.61	-117.92
10713	44		U_Set	-20.70	-117.04
10713	94		U_Set	-16.77	-113.10
10713	278		U_Set	-19.41	-115.75
10713	38		U_Set	-22.15	-118.18
10713	42		U_Set	-22.24	-118.59
10713	252		U_Set	-22.30	-118.64
10713	194		U_Set	-18.74	-115.08

图 6-11 邻区无线环境差

6.3.4 任务评价

评价项目	项目评价的内容	分值	自我评价	小组评价	教师评价	得分
理论知识	① 掌握邻区错配导致掉话的原理	10				
	② 掌握覆盖问题导致掉话的原理特点	10				

续表

评价项目	项目评价的内容	分值	自我评价	小组评价	教师评价	得分
理论知识	③ 掌握切换问题导致掉话的原理特点	10				
	④ 掌握掉话问题优化的思路和方法	5				
	⑤ 掌握掉话问题案例的优化分析方法	5				
实操技能	① 能对掉话问题的数据进行分析	10				
	② 能对掉话问题进行优化处理	10				
	③ 能撰写掉话问题案例的优化处理报告	10				
安全文明生产	① 安全、文明操作	5				
	② 有无违纪与违规现象	5				
	③ 良好的职业操守	5				
学习态度	① 不迟到、不缺课、不早退	5				
	② 学习认真，责任心强	5				
	③ 积极参与完成项目的各个步骤	5				
总 计 得 分						

任务4：切换失败优化案例分析

6.4.1　任务描述

1．项目背景

切换问题是影响网络性能的重要因素，比如切换失败可能导致掉话，切换频繁会浪费大量的网络资源，软切换比例过高会消耗过多的前向容量等。可见，切换对于通信质量、系统容量等有很大的影响。本任务将通过实例来介绍切换问题的处理方法。

2．培养目标

（1）了解软切换的原理特点

（2）了解切换问题产生的原因

（3）学习切换问题案例的优化分析

（4）掌握切换问题优化的思路和方法

6.4.2　相关知识

1．软切换问题

当用户在移动的过程中越过小区覆盖范围，或位于小区的边界处的时候，为了保证通信的连续性和良好的通信质量，会进行切换。而切换失败就是越过小区覆盖范围之后应该切换却没有切换或没有切换成功的问题。一般软切换问题主要表现在软切换成功率、软切换比例、软切换调换等几个方面，具体如下所示。

软切换成功率一般应在 98%以上，如果话务统计明显低于此值，且具有统计意义（软切换次数大于一定值），则判断软切换成功率低。导致软切换成功率低可能有以下原因。

① 软切换门限设置过低。

现在使用相对门限判决算法，即 1A、1B 门限太大，这样即使信号较差的小区也有可能判决加入激活集，RNC 下发 ACTIVESET UPDATE COMMAND 消息命令 UE 加入此小区，但是由于该小区信号太差且有波动，无线链路建立失败，导致软切换失败。

② Node B 没有配置 GPS 或 GPS 失灵。

由于 WCDMA 系统是异步系统，因此，WCDMA 在切换方面的困难主要就在同步上面。在切换过程中，切换失败的一个主要原因就是同步失败，这对于软切换和硬切换是同样的。由于现在 Node B 一般配置了 GPS 时钟，因此，软切换成功率很高。如果没有配置 GPS，或者配置了 GPS 但由于 GPS 天线安装不规范导致搜索不到卫星信号以及 GPS 失灵无法锁定，都可能导致切换同步困难，而降低软切换成功率。

③ 没有设置 T_cell 参数。

T_cell 的设置是为了防止同一 Node B 内不同小区的 SCH（同步信道）重叠。同一 Node B 内相邻小区同步信道重叠会导致软切换失败。

正常的软切换比例应保持在 30%～40%，如果大于 50%，则会因为软切换占用过多的系统资源，导致容量下降及网络性能的下降，运营商也最不愿意看到其花费投资的资源大量消耗在软切换上，而不是提供给能给其带来实际利益的话务上。导致软切换比例过高的可能原因如下。

① 软切换门限过低。

1A、1B 门限太大，小区添加到激活集中容易，而从激活集中删除小区却很难，导致大量的 UE 处于软切换状态，使软切换比例过高。

② 重叠覆盖区域过大。

在基站密集、站间距较小的地区，如果没有控制好小区的覆盖范围，可能导致重叠覆盖区域较大，使软切换范围很大，比例过高。可以调整天线或者功率参数控制覆盖范围，降低软切换比例，但是必须谨慎调节，注意避免产生覆盖空洞。

③ 软切换区域处于高话务区。

在规划中就应该注意到这一点：应将天线主瓣方向对着话务密集区，而避免将切换带规划在话务密集区。然而实际中网络规划并不能完全做到这点，所以需要在网络优化时进行调整。

造成软切换掉话通常有下面一些原因。

① 软切换门限太高或者触发时延太大。

对于相对门限判决算法来说，就是 1A、1B 相对门限太小，使得新的小区加入到激活集中很难，或者磁滞、触发时延过大导致软切换触发不及时，到源小区信号很差的地方才触发事件，开始发激活集更新消息，但是还没有等到新的小区加入激活集就因为服务小区

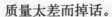
质量太差而掉话。

② 软切换区域过小。

软切换区域过小对静止用户影响不大，但是对于高速移动用户，则可能因为切换不及时而导致掉话。这种情况在高速公路这种场景下很容易发生。优化措施：①加大覆盖，增加软切换区域；②增大相对门限；③减小触发时延或磁滞。

③ 漏配邻区。

漏配邻区关系，致使相邻小区信号很强的情况下都没有加入激活集，反而成为很强的前向干扰，导致最终掉话。这种问题容易定位与解决，但是实际中发生也很多。

2. 切换问题的处理方法

切换问题优化调整的参数包括工程参数、小区参数和算法参数。本书中只涉及工程参数调整，其他为介绍性内容。

工程参数主要是指天线参数，包括方位角、下倾角等。通过这些参数的调整，可以改变小区的覆盖，进而改变切换带的位置、大小等，优化切换问题。

小区参数包括小区使用的频率、信道功率配比、邻区关系等基本配置数据。修改频点可以规避一些难以解决的异频切换问题；公共信道功率的调整同样可以达到调整小区覆盖的目的，以改变切换区域的位置和大小；漏配邻区关系是导致切换问题和掉话最常见的原因之一，因此，邻区列表的优化也是网络优化中必不可少的一个环节。

算法参数包括切换算法开关、各种切换的门限、磁滞、触发时延等。算法参数的调整需要在对切换算法充分了解和对路测结果、信令等仔细分析的基础上进行。

6.4.3 任务实施

下面将通过实际案例来了解切换问题的处理方法。

第一步：数据采集。

路测过程中，在某处发生掉话现象、掉话点及 RSCP 情况，如图 6-12 所示。

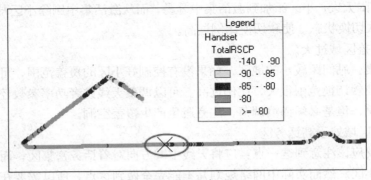

图 6-12　掉话时 RSCP

第二步：数据分析。

查看掉话手机状态信息，如图 6-13、图 6-14 所示。

综合分析：终端所处无线环境干扰比较大，RSCP 也逐渐恶化，于是 UE 在 23 s 的时间内连续上行发送测量报告，试图切换到干扰小、覆盖好的邻区，但是始终未收到网络的响应，由于切换不及时，最终掉话。

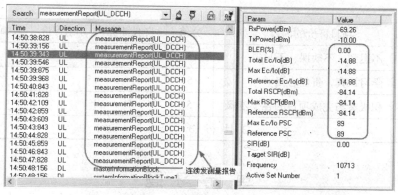

图 6-13 查看掉话手机状态

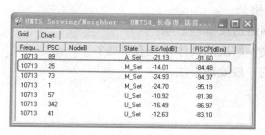

图 6-14 无线状态好的邻区

第三步：提交解决方案。

解决切换来不及导致的掉话，可以通过调整天线扩大切换区，或者配置 CIO 使目标小区能够提前发生切换。解决乒乓切换带来的掉话问题，可以调整天线使覆盖区域形成主导小区，也可以配置事件的切换参数减少乒乓切换的发生等方法来进行。

6.4.4 任务评价

评价项目	项目评价的内容	分值	自我评价	小组评价	教师评价	得分
理论知识	① 了解软切换的原理特点	5				
	② 了解切换问题产生的原因	5				
	③ 掌握切换问题优化的思路和方法	10				
	④ 掌握切换问题案例的优化分析方法	10				
实操技能	① 能对切换问题数据进行分析	15				
	② 能对切换问题案例进行优化处理	15				
	③ 能撰写切换问题案例的优化处理报告	10				
安全文明生产	① 安全、文明操作	5				
	② 有无违纪与违规现象	5				
	③ 良好的职业操守	5				

续表

评价项目	项目评价的内容	分值	自我评价	小组评价	教师评价	得分
学习态度	① 不迟到、不缺课、不早退	5				
	② 学习认真，责任心强	5				
	③ 积极参与完成项目的各个步骤	5				
总 计 得 分						

单 元 习 题

1．简述 RF 优化的概念。

2．覆盖问题会对网络造成哪些影响？

3．什么是导频污染？解决的具体措施有哪些？

4．简述切换问题的一般处理办法。

附录　网络评估报告实例

网络评估报告

1.1　概　　述

为了评估某市市区现网情况，优化小组对某市市区进行了 MOS 语音测试以及数据业务测试。为了客观、公正的评价目前网络的无线性能质量，进一步了解网络和竞争对手网络之间的差距和不足，为承接网络后制订切实可行的网络优化提高质量方案，提供翔实的数据依据，并发现网络中存在的问题，以校正基础数据。

1.1.1　测试路线

测试路线如附图 1 所示，本次测试路线的选取原则是，在规划测试区域内跑遍车辆可以通行的所有大小街道。

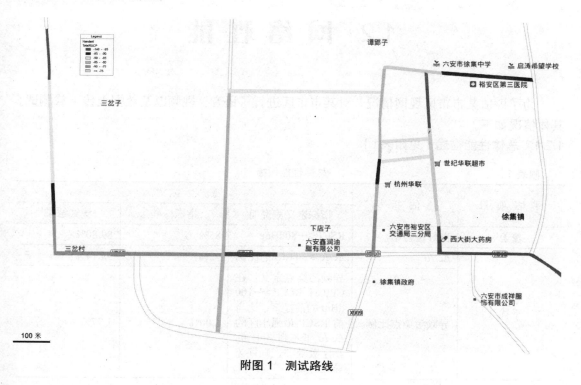

附图 1　测试路线

1.1.2 测试基站分布图（见附图2）

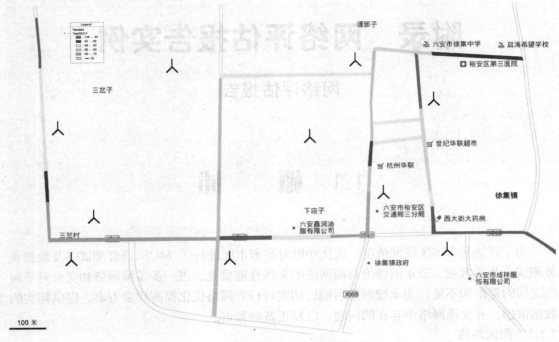

附图2 测试基站分布图

1.2 网络性能

　　为了评估某市市区现网情况，对某市市区进行了语音、视频以及数据上传下载测试。具体情况如下。

1.2.1 总体性能描述（见附表1）

附表1　　　　　　　　　　　　　　　总体性能指标

评 估 项 目	评 估 指 标	验 收 标 准		
		指标定义或说明	指标标准	测试结果
覆盖	良好覆盖率	RSCP≥−80dBm	85%	89.80%
干扰	Ec/Io	Ec/Io≥−11dB 的比例	92%	95.14%
	导频污染点比例	导频污染点定义：在 CPICH RSCP≥−100 dBm 的前提下，比当前 RSCP 最强小区的 Ec/Io 低不到 3dB 的小区数量>3，则视为导频污染	1.00%	1.77%

续表

评估项目	评估指标	验 收 标 准		
		指标定义或说明	指标标准	测试结果
业务质量	话音业务接通率		99%	98.95%
	VP 业务接通率		98.50%	100%
	话音业务掉话率		0.40%	0%
	VP 业务掉话率		0.60%	0%
	HSPA 掉线率	非正常原因 PDP 去激活+连续 3min 无数据传输或应用层速率低于 5K	1%	5.07%
	实测HSDPA吞吐率	FTP 业务测试应用层吞吐率（实测 HSDPA 吞吐率低于 2Mbps，并且 CQI-MPO 低于 18 时，验收不通过）	2.5M	3.07M
	实测HSUPA吞吐率	FTP 业务测试应用层吞吐率	1.2M	1.62M

1.2.2 覆盖类指标分析

导频覆盖统计见附表 2。

附表 2　　　　　　　　　　　　导频覆盖指标

−90dBm 覆盖率	−85dBm 覆盖率	WCDMA 里程覆盖率
94.19%	87.42%	90.86%

RSCP 覆盖分布如附图 3 所示，RSCP 覆盖统计表如附表 3 所示，覆盖柱状图如附图 4 所示。

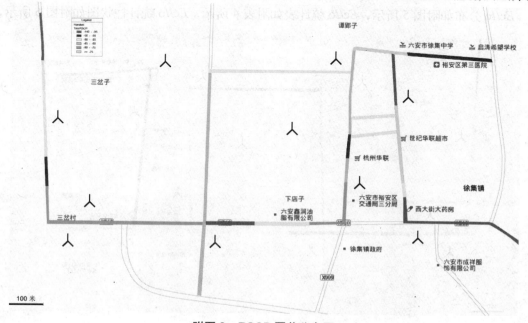

附图 3　RSCP 覆盖分布图

附表 3   RSCP 覆盖统计表

TotalRSCP			
序号	范围	采样点	百分比
1	<-95.00	549	1.21%
2	<-95.00，-90.00	1286	2.82%
3	<-90.00，-85.00	2811	6.17%
4	<-85.00，-80.00	5693	12.50%
5	<-80.00，-75.00	9058	19.89%
6	≥-75.00	26136	57.40%
7			
8			
总采样点	45533	平均值	-73.74
最大值	-46.57	最小值	-112.261

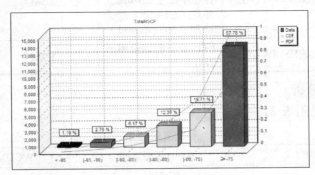

附图 4   RSCP 覆盖柱状图

测试结论：RSCP≥-85dBm 的比例达到 89.79%，市区大部分覆盖情况良好。

Ec/Io 分布如附图 5 所示，*Ec/Io* 统计表如附表 4 所示，*Ec/Io* 统计柱状图如附图 6 所示。

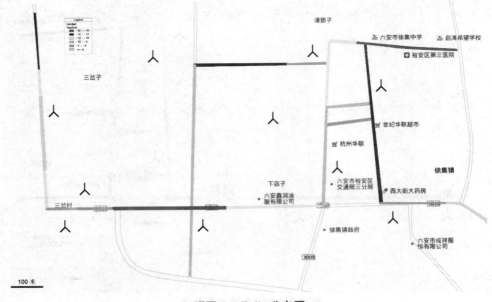

附图 5   *Ec/Io* 分布图

附表 4   *Ec/Io* 统计表

TotalEcIo			
序号	范围	采样点	百分比
1	<−14.00	793	1.74%
2	<−14.00，−12.00	564	1.24%
3	<−12.00，−10.00	1015	2.23%
4	[−10.00，−8.00)	1947	4.28%
5	[−8.00，−6.00)	5146	11.30%
6	≥−6.00	36068	79.21%
7			
8			
总采样点	45533	平均值	−5.02
最大值	−0.007	最小值	−26.581

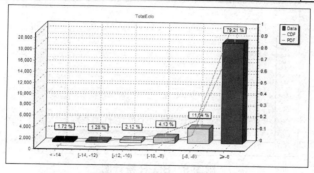

附图 6 *Ec/Io* 统计柱状图

测试结论：*Ec/Io*≥−11dB 的比例达到 95.14%，测试区域的信号质量良好。

BLER 分布图如附图 7 所示，BLER 统计表如附表 5 所示，BLER 统计图如附图 8 所示。

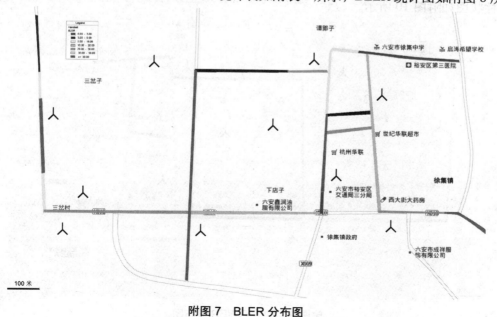

附图 7 BLER 分布图

附表5   BLER 统计表

序号	范围	采样点	百分比
BLER			
1	<3.00	13735	99.83%
2	[3.00，5.00]	6	0.04%
3	[5.00，10.00]	3	0.02%
4	[10.00，20.00]	1	0.01%
5	[20.00，30.00]	1	0.01%
6	[30.00，50.00]	1	0.01%
7	≥50.00	12	0.09%
8			
总采样点	13759	平均值	0.128
最大值	96.08	最小值	0

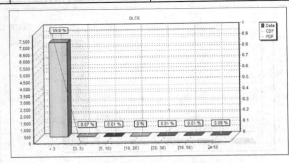

附图8　BLER 统计图

测试结论：BLER 小于 3%的比例达到 99.83%，测试区域的信号传输质量良好。

TX_POWER 分布图如附图 9 所示，TX_POWER 统计表如附表 6 所示，TX_POWER 统计柱状图如附图 10 所示。

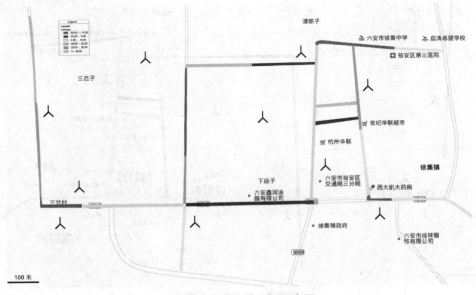

附图9　TX_POWER 分布图

附表6   TX/POWER 统计表

TX/POWER			
序号	范围	采样点	百分比
1	<−15.00	38226	79.07%
2	[−15.00，0.00)	9572	19.80%
3	[0.00，10.00)	544	1.13%
4	[10.00，20.00)	0	0.00%
5	≥20.00	0	0.00%
6			
7			
8			
总采样点	48342	平均值	−22.186
最大值	8.083	最小值	−46.583

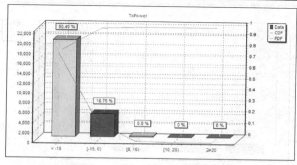

附图 10 TX_POWER 统计柱状图

测试结论：TX_POWER<0dBm 的比例达到 98.87%。

HSDPA 的速率分布图如附图 11 所示，HSDPA 速率统计表如附表 7 所示，HSDPA 速率统计柱状图如附图 12 所示。

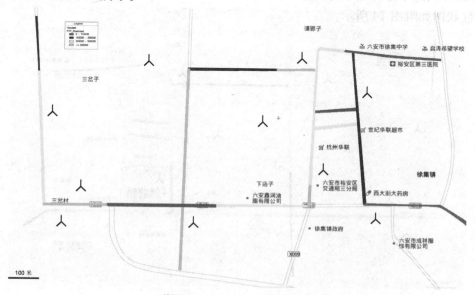

附图 11 HSDPA 速率分布图

145

附表 7 HSDPA 速率统计表

序号	范围	采样点	百分比
	FTP/Download		
1	<150000	321	3.93%
2	<150000, 300000	62	0.76%
3	<300000, 500000	94	1.15%
4	≥500000	7686	94.16%
5			
6			
7			
8			
总采样点	8163	平均值	3074615.52
最大值	6199456	最小值	0

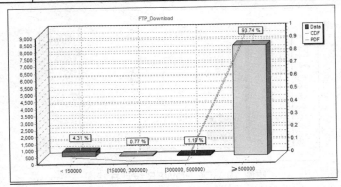

附图 12 HSDPA 速率统计柱状图

HSDPA 吞吐量为 3.08Mbit/s，大于 1.5M 的采样点的比率为 96.07%。

HSUPA 的速率分布图如附图 13 所示，HSUPA 速率统计表如附表 8 所示，HSUPA 速率统计柱状图如附图 14 所示。

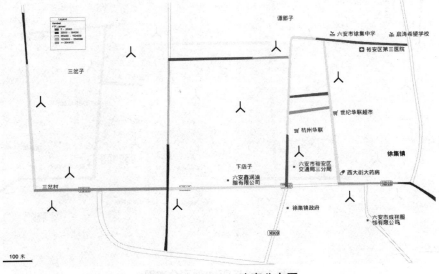

附图 13 HSUPA 速率分布图

附表 8   HSUPA 速率统计表

FTP_Upload			
序号	范围	采样点	百分比
1	<150000	422	5.24%
2	<150000，300000	327	4.06%
3	<300000，500000	532	6.61%
4	≥500000	6770	84.09%
5			
6			
7			
8			
总采样点	8051	平均值	1573601.52
最大值	3694743	最小值	0

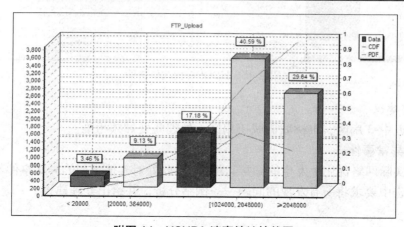

附图 14   HSUPA 速率统计柱状图

HSUPA 的平均吞吐量为 1.57Mbit/s，其中>1.5M 的比例为 94.76%。

1.3 异常事件

1.3.1 掉线类异常事件

下面案例为在测试中某路段附近发生一次 HSDPA 掉线的异常分析，如附图 15 所示。

1. 现象描述

由附图 15 所示，车辆在南外环由西向东行驶，当行驶至红圈所在位置时发生掉线。

2. 分析原因

由附图 15 所示指标可以看出掉线的无线环境一般，此处激活集中最强主导频为市游乐场-2 扇区，信号质量与覆盖较好。而在该路段存在的激活集数较多，有严重的导频污染，发生频繁切换导致掉线。

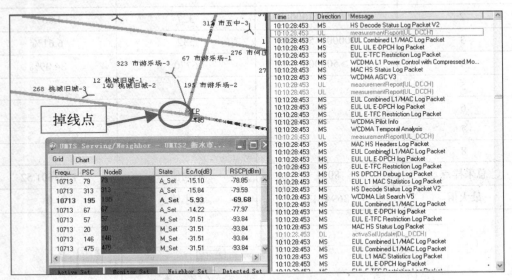

附图 15　HSDPA 掉线位置图

3. 调整建议

调整市五中-3 扇区、市桃城旧城-1 扇区，处理此处导频污染。

1.3.2　其他异常事件

由于在实际网络优化中发生的异常问题较多，此处对其他类型的异常事件不一一例举。实际撰写报告中要求将所有发现的问题一一例举分析，并给出处理建议。

1.4　总　结

通过本次对某市市区的 DT 评估测试，掌握现网指标情况以及存在的一些问题，某市市区网络覆盖质量良好。